Carl Friedrich Gauß
Briefe und Gespräche

Carl Friedrich Gauß

Der »Fürst der Mathematiker« in Briefen und Gesprächen

Herausgegeben von
Kurt-R. Biermann

Verlag C.H. Beck
München

Mit 9 Farb- und 35 Schwarzweißabbildungen

ISBN 3 406 34240 X
Ausgabe für die Bundesrepublik Deutschland,
Berlin (West), die Schweiz und Österreich
Verlag C. H. Beck, München 1990

Satz und Druck: Offizin Andersen Nexö
Printed in the German Democratic Republic

INHALT

*Der Herausgeber widmet diesen Band
dem Andenken seines zur Zeit der Ausarbeitung
plötzlich im Alter von 31 Jahren
am 22. November 1987 verstorbenen Sohnes,
des Schriftstellers Jörg Biermann.*

ZUR EINFÜHRUNG

Im Juli 1832 in Fort Crawford am Upper Mississippi: Selbst in dieser entlegenen »Wildernis« unweit der heutigen Grenze zwischen den US-Staaten Wisconsin und Minnesota ist der Name Gauß wohlbekannt – zumindest dem Chef der hier garnisonierenden Company F, First Regiment, U.S. Infantry, Captain S. Loomis, und dessen Sergeant-major.[1] Aber schon drei Jahrzehnte zuvor fand Alexander von Humboldt[2] in Paris, einer Hochburg der Mathematik, als er von seiner lateinamerikanischen Forschungsreise (1799 bis 1804) zurückkehrte, den Namen Gauß in aller Munde. 1805 in Berlin eingetroffen, versicherte er dem König[3], nur *ein* Mann könne der Preußischen Akademie der Wissenschaften den alten Glanz wiedergeben, und der heiße nicht Humboldt, sondern Carl Friedrich Gauß.[4] Im Vorzimmer Napoleons[5] sprach man mit hohem Respekt von ihm,[6] und als Gauß 1855 im Alter von 78 Jahren starb, ließ der König von Hannover[7] eine Gedenkmedaille prägen, auf der er ihm den Ehrennamen eines »Fürsten der Mathematiker« (Mathematicorum princeps) beilegen ließ.

1 Mack 1927, S. 107. – Die Auflösung der in den Anmerkungen benutzten, aus dem Namen des Verfassers bzw. Herausgebers (bei Anonyma aus dem Ort des Erscheinens) sowie aus dem Jahr der Veröffentlichung gebildeten Kurzbezeichnungen ist dem Quellen- und Literaturverzeichnis zu entnehmen. – Lebensdaten von Loomis sind nicht bekannt. Sein Feldwebel Heinrich Schliephacke war der älteste Sohn eines zwischen Braunschweig und Wolfenbüttel ansässigen Heinrich August Schliephacke.

2 Alexander von Humboldt (1769–1859), Naturforscher und Humanist, korrespondierte mit Gauß seit 1807.

3 Friedrich Wilhelm III. von Preußen (1770–1840), König 1797 bis 1840.

4 Biermann 1979, S. 65.

5 Napoleon I. (Bonaparte) (1769–1821), Kaiser der Franzosen 1804 bis 1815.

6 Biermann 1978, S. 41.

7 Georg V. von Hannover (1819–1878), König seit 1851.

Und heute? Ist sein Ruhm fast anderthalb Jahrhunderte nach seinem Tode verblaßt? Das Gegenteil ist der Fall.

Dem Mathematiker begegnet sein Name in den Bezeichnungen von an die 50 nach ihm benannten Gesetzen und Sätzen, Gleichungen und Formeln, Verfahren und Methoden, Abbildungen und Verteilungen. In gleichem Maße aber ist er auch dem Astronomen und dem Geodäten, dem Physiker und Geophysiker, dem Optiker und dem Techniker geläufig. Unter mathematischen Laien besitzt er einen Bekanntheitsgrad, mit dem unter seinen engeren Fachkollegen nur etwa Euler[8] und Cantor[9] einen Vergleich aushalten können. Seit seinem 100. Todestag 1955 (ebenso wie sein 200. Geburtstag 1977 ein Höhepunkt der Gauß-Ehrungen) sind seinen wissenschaftlichen Leistungen nicht weniger als sechs Gedenkschriften gewidmet worden, von Bio- und Bibliographien, von Editionen und einer Flut von Gedenk- und Würdigungsartikeln in vielen Ländern der Erde ganz zu schweigen.[10] Das sich hierin ausdrückende verstärkte Interesse an dem *Werk* von Gauß ist auf die ständig zunehmende Bedeutung der Mathematik für alle Zweige der Wissenschaft wie für die gesamte gesellschaftliche Praxis zurückzuführen.

So nimmt es nicht wunder, daß auch das Interesse an dem *Menschen* Gauß gewachsen ist, und nicht nur unter Lesern, deren Tätigkeit sie in irgendeiner Form mit der Mathematik in Verbindung bringt. Sie stellen die Frage: »Was war das eigentlich für ein Mann, dieser Gauß?«, und diese Frage soll hier mit seinen eigenen Worten beantwortet werden, wie sie in Briefen und Gesprächen, weit in der Literatur verstreut, überliefert sind. Er selbst soll sein Werden und Reifen, seine Erlebnisse und Erfahrungen, seine Absichten und Ansichten, seine Grundsätze und Überzeugungen, Hoffnungen und Enttäuschungen schildern, sich als Ehemann und Vater, als Freund und Kollege darstellen. Wenn auch die *Persönlichkeit* im Vorder-

8 Leonhard Euler (1707–1783), aus der Schweiz stammender, 1727 bis 1741 und 1766–1783 in Petersburg (heute Leningrad), in der Zwischenzeit in Berlin wirkender, produktivster Mathematiker des 18. Jahrhunderts.

9 Georg Cantor (1845–1918), der Begründer der Mengenlehre, wirkte in Halle.

10 Es seien hier genannt die Gedenkschriften: Hannover 1955, Vinogradov 1956, Reichardt 1957, Göttingen 1977a, Göttingen 1977b, Sachs 1978; die Bibliographien: Poschek 1957, Zaunick 1971, Merzbach 1984; die Biographien: Worbs 1955, Dunnington 1955, Schaaf 1964, Hall 1965 (Übersetzung 1970), Wußing 1974, Michling 1976, Reich 1977, Küssner 1979, Kaufmann-Bühler 1981 (Übersetzung 1987); die Editionen Gerardy 1964, Gerardy 1969, Biermann 1977a, Poser 1987.

grund steht, so soll und kann die wissenschaftliche Arbeit nicht gänzlich ausgespart bleiben. Der nur am Menschen Gauß interessierte Leser kann die ohnehin nur kurzen fachlichen Andeutungen übergehen, und derjenige, der mehr über den Gelehrten zu erfahren wünscht, sei auf die Werkausgabe von Gauß[11] sowie auf die Sekundärliteratur verwiesen, zu der ihm Bibliographien[12] den Weg öffnen.

Der zur Verfügung stehende Platz zwang zu einer ganz rigorosen Beschränkung in der Auswahl aussagekräftiger Passagen aus rund 1500 Äußerungen in Brief- oder Gesprächsform. Es ist daher hier Rechenschaft darüber abzulegen, zu welchen Vorgängen Selbstzeugnisse für unverzichtbar gehalten wurden und wie sie dem Lebenslauf zuzuordnen sind.

Gauß' Lebenszeit deckt sich in etwa mit dem Jahrhundert, das man das Goethesche[13] nennt, und damit zugleich annähernd mit dem Leben seines Freundes Alexander von Humboldt.[14] Es handelte sich um eine Spanne tiefgehender gesellschaftlicher, politischer und sozialer Umwälzungen. In der Hauptstadt Braunschweig des gleichnamigen absolutistischen Herzogtums geboren, wurde er von einem Fürsten, dem Herzog Carl Wilhelm Ferdinand von Braunschweig,[15] protegiert, der sich einerseits dem Geist der Aufklärung nicht verschloß, es aber andererseits damit vereinbaren zu können glaubte, wehrtaugliche Landeskinder an das Ausland zu verkaufen, der mit seinem Collegium Carolinum eine weithin angesehene Ausbildungsstätte künftiger »Staatsdiener« unterhielt (Gauß besuchte sie 1792/95), zum anderen aber das Koalitionsheer zur Niederschlagung der französischen Revolution 1792/94 befehligte, der zum einen Neffe des Preußenkönigs Friedrich II.[16] war, zum anderen bei der Taufe Alexander von Humboldts Pate stand. Als Befehlshaber der preußischen Truppen im Kampf gegen Napoleon wurde er von diesem 1806 bei Auerstedt vernichtend geschlagen und starb an der dort erlittenen schweren Verwundung. Gauß wurde so Zeuge der Erschütterung der Feudalordnung, der Besetzung durch französische Truppen, er wurde Bürger und Beamter des von Napoleon für seinen Bruder Jérôme[17] geschaffenen König-

11 Gauß 1863/1933.
12 Siehe Anm. 10.
13 Goethe, Johann Wolfgang von (1749–1832), Dichter und Naturforscher.
14 Vgl. zum folgenden Biermann 1983, S. 5–6.
15 Carl Wilhelm Ferdinand von Braunschweig (1735–1806), Herzog 1780–1806.
16 Friedrich II. von Preußen (1712–1786), König 1740–1786.
17 Jérôme Bonaparte (1784–1860), König von Westfalen 1807–1813.

reichs Westfalen, erlebte die Besiegung Napoleons im nationalen Befreiungskampf und das erste deutsche bürgerliche Nationaltreffen auf der Wartburg 1817. Er wurde Zeuge der Restauration in dem seit 1714 bis 1837 in Personalunion vom englischen König regierten Kurfürstentum Hannover (seit 1814 Königreich) und der revolutionären Unruhe in diesem Land, die 1831 zur Bewaffnung von Bürgern und Studenten sowie zur Absetzung der städtischen Behörden in Göttingen führte und 1833 eine Verfassung erzwang. Er erlebte 1837 den antiabsolutistischen Protest Göttinger Professorenkollegen (»Göttinger Sieben«) gegen die Aufhebung der eben genannten Verfassung durch den nach Beendigung jener Personalunion zum hannoverschen König gewordenen Ernst August,[18] den Vormärz und die Revolution von 1848/49, deren Niederschlagung und die Herrschaft der Reaktion. Als sein Leben zu Ende ging, begann die ökonomisch erstarkte Bourgeoisie, sich auch politisch erneut zu regen.

Gauß war nicht nur Zeuge der kapitalistischen Entwicklung der Industrie von den Anfängen bis hin zur Industriellen Revolution in Deutschland, er hat sie auch durch seinen Beitrag zur Entdeckung und Nutzung der elektromagnetischen Telegraphie, zur Theorie und Praxis der Landesvermessung und seine Arbeiten zur Optik aktiv gefördert. Zu seinen Lebzeiten war die Anwendung der Mathematik in Wissenschaft und Technik zur Notwendigkeit geworden. In seiner Jugend kannte er als Beförderungsmittel nur Pferd, Wagen und Segelschiff, aber er erlebte noch, wie seine Söhne mit Benutzung der Dampfkraft nach Amerika fuhren, und war Zeuge des sich immer mehr ausbreitenden Eisenbahnbaus, an dem er durch Geldanlagen beteiligt war. Hatte er in seiner Jugend nur bescheidene Manufakturen gesehen, so lernte er später optisch-feinmechanische Werkstätten in Hamburg und die fabrikmäßige Produktion auf dem gleichen Gebiet in Bayern kennen.

Das mag genügen, um die Veränderungen anzudeuten, die Gauß miterlebt hat, und teilweise nicht nur als Zuschauer. Es wurde angestrebt, auch den Reflex dieser Wandlungen möglichst in den wiedergegebenen Briefen und mündlichen Äußerungen bzw. in deren Kommentierung zum Ausdruck zu bringen.

18 Ernst August von Hannover (1771–1851), König 1837–1851. Die Aufhebung der Personalunion erfolgte 1837 nach 123 Jahren, da in Großbritannien ein anderes Erbfolgegesetz angewendet wurde als in Hannover. 1837 wurde in Großbritannien Viktoria (1819 bis 1901) nach dem Tode ihres Onkels Wilhelm IV. (1765–1837) Königin, während in Hannover dessen jüngerer Bruder Ernst August den Thron bestieg.

Daß Gauß' Herkunft aus sehr beengten Verhältnissen und das Milieu des Elternhauses in Braunschweig in der getroffenen Auswahl von Selbstzeugnissen ihren Reflex finden mußten, versteht sich. In gleicher Weise waren die Belege dafür einzubeziehen, daß der Dreijährige bereits über eine erste Orientierung im Reich der Zahlen verfügte – daß er rechnen gelernt hatte, bevor er schreiben konnte – und daß der Neunjährige in der Schule erstmals seine außerordentliche mathematische Veranlagung zu erkennen gab. Der Umstand, daß er sehr früh Personen wie dem Lehrergehilfen Bartels[19] und dem Professor Zimmermann[20] begegnete, die die geniale Begabung des Jungen wahrzunehmen und zu schätzen verstanden, schließlich die Aufmerksamkeit des Herzogs Carl Wilhelm Ferdinand auf ihn lenkten, um ihm so höheren Schulbesuch und eine semiakademische Ausbildung in seiner Vaterstadt und danach den Universitätsbesuch in Göttingen zu ermöglichen, mußte widergespiegelt werden. Daneben waren die Spuren der ersten selbständigen mathematischen Untersuchungen, ja Grundlagenforschungen, die etwa im 14. Lebensjahr begannen[20a], zu dokumentieren. Daß am 30. März 1796[21] nicht vorübergegangen werden durfte, bedarf kaum einer Begründung: Es war dies der Tag, an dem Gauß die Konstruierbarkeit des regelmäßigen Siebzehnecks mit Zirkel und Lineal sowie das Prinzip der Ermittlung sämtlicher so konstruierbarer Vielecke entdeckte, und damit eine seit mehr als 2000 Jahren offene Frage beantwortete. Zugleich war es dieser epochale Fund, der den Neunzehnjährigen bestimmte, sich der Mathematik als Lebensaufgabe zu widmen – bis dahin hatte er noch zwischen ihr und der klassischen Philologie geschwankt.

Charakteristisch für die Studienzeit in Göttingen ist, daß ihm die Gedanken in überwältigender Fülle zuströmen – er kann ihrer kaum Herr werden. Er entdeckt aber nicht nur immer Neues und Tieferes – Erkenntnisse dieser Jahre werden erst im Laufe eines ganzen Le-

19 Martin Bartels (1769–1836), war 1808–1820 Professor in Kasan (Kazań) und danach bis zum Tode Professor in Dorpat (Tartu).

20 Eberhard August Wilhelm von (1791) Zimmermann (1743–1815), Geograph und Schriftsteller in Braunschweig; Professor der Physik und Mathematik am dortigen Collegium Carolinum.

20a Am 15. 12. 1791 fing Gauß an, Primzahlen abzuzählen, an diesem Tage die unter den ersten tausend Zahlen. Biermann 1977b, S. 7 bis 14.

21 Am 30. März begann Gauß die Führung eines mathematischen Tagebuchs, in dem er unter diesem Tag als erste Entdeckung die genannte eintrug (Gauß 1985, S. 21). Indessen hat er auch gelegentlich den 29. März als den Tag dieses Fundes bezeichnet.

bens in publizierbare Form gebracht, andere gehen mit ihm unter –, er findet auch manches selbständig wieder, was bereits bekannt war. Er schließt eine schwärmerische Freundschaft mit dem ungarischen Studenten Farkas Bolyai[22]. In Wolfgang Bolyai, wie er in Deutschland genannt wird, findet Gauß einen Freund, der als einziger »in seine metaphysischen Ansichten über Mathematik einzugehen verstanden habe«[23], der ihn bewunderte und mit dem ihm der Hang zu trüben Stimmungen gemeinsam war, so unterschiedlich ihre Temperamente auch sein mochten. Dem Geschmack der Zeit entsprechend, verabredeten sie den Ritus eines Freundschaftskultes: Sie versprechen sich, am letzten Tag jeden Monats zwischen 20 und 22 Uhr beim Rauch einer Pfeife einander zu gedenken. Die Auswahl aus den Briefen an diesen Freund zeigt, wie auch in diesem Fall die räumliche Entfernung und die Zeit eine Lockerung der Bindungen bewirken.

Nach Beendigung des Studiums kehrt Gauß Ende September 1798 nach Braunschweig zurück. Zunächst ist ungewiß, was nun werden soll, aber ein neues herzogliches Stipendium gewährt ihm die Möglichkeit, sein zahlentheoretisches Meisterwerk, das seinen Namen nach erfolgter Veröffentlichung bei urteilsfähigen Fachkollegen in den ersten Rang erhebt, nämlich die »Disquisitiones Arithmeticae«[24] auszuarbeiten und 1801 in Leipzig zu publizieren, ein Buch, von dem ein kompetenter Mathematiker unserer Tage sagt, es sei für ihn »das größte Wunder in der gesamten mathematischen Literatur«.[25] Er promoviert in Helmstedt an der dortigen braunschweigischen Landesuniversität in absentia und beginnt in der Absicht, sich nützlich zu machen, mit geodätischen Vermessungen und Beratungen. Das alles findet in den gebotenen Auszügen seinen Reflex. Was durch briefliche Zeugnisse nicht zu belegen, aber wahrscheinlich zu machen, daher an dieser Stelle hervorzuheben ist, ist etwas ganz anderes: Bei seiner ersten Braunschweiger Triangulation lernt Gauß am 27. 7. 1803 im Garten ihrer Freundin[26] Johanna

22 Farkas (Wolfgang) Bolyai (1775–1856) war nach dem Studium in Deutschland in seiner siebenbürgischen Heimat (damals zu Ungarn gehörend) Mathematikprofessor am Kollegium zu Maros Vásárhely (Tîrgu Mures).

23 Sartorius 1856, S. 17.

24 Untersuchungen über höhere Arithmetik. Gauß 1863/1933, 1.

25 Hans Reichardt (geb. 1908) in: Reichardt 1978, S. 21. – Von der Lebenskraft des Werks zeugt, daß noch 1966 in den USA eine Übersetzung in die englische Sprache veröffentlicht wurde und daß gegenwärtig (1987) in Kostarika eine spanische, in Jugoslawien eine serbokroatische Ausgabe vorbereitet wird.

26 Dorothea Köppe, geb. Müller (1780–1857) in Braunschweig.

Osthoff[27] kennen[28] und verliebt sich in sie. Seinem Freund Bolyai berichtet er zum ersten Male am 28. 6. 1804 begeistert von seiner großen Liebe.[29] Daß die schriftliche Werbung um sein »Hannchen« hier nicht fehlen durfte, versteht sich von selbst. Dieser Antrag und die Klage nach ihrem frühen Tod rechnen zu den eindrucksvollsten Gaußschen Äußerungen und zeigen überdies, in welch starkem Maße Gauß der Liebe bedurfte. Johanna Osthoff, deren Name sich mehrfach auf Gaußschen Meßprotokollen jener Zeit findet, entstammte etwa der gleichen sozialen Schicht wie Gauß; ihr Vater[30] war Weißgerbermeister in Braunschweig. Sie war eine heitere, geistig und körperlich gesunde, verständige und unkomplizierte Frau, die ideale Partnerin für den schwerblütigen Gauß: Er stößt auf Gegenliebe – »das Leben steht wie ein ewiger Frühling«[31] vor ihm. Das Stipendium reicht zur gemeinsamen Lebensführung aus; am 9. 10. 1805 findet die Eheschließung statt. Die Geburt seines Sohnes Joseph[32] am 31. 8. 1806 macht das Glück perfekt. Aber es kommt zum Krieg, und Napoleon fügt den preußischen Truppen unter dem Braunschweiger Herzog bei Jena und Auerstedt eine vernichtende Niederlage zu. Diese Katastrophe macht alle Gaußschen Hoffnungen zunichte. Er knüpft neue Verhandlungen mit Petersburg an – einen ersten Ruf dorthin hatte er 1803 abgelehnt –, aber ehe sie in ein entscheidendes Stadium treten, befreit ihn am 25. 7. 1807 ein Ruf nach Göttingen als Professor der Astronomie und Direktor der Sternwarte aus seiner prekären Lage ohne Einkünfte und Aussichten.

Um diese Berufung als Astronom zu erklären, bedarf es einer Rückblende. Schon während des Studiums hatte Gauß' Aufmerksamkeit auch der Astronomie als einem Anwendungsgebiet der Mathematik gegolten, ohne daß er aber tiefer in die praktische Astronomie eingedrungen wäre. Da gab ein Aufsehen erregendes Ereignis seinem astronomischen Interesse einen bestimmten Impuls, nämlich die Entdeckung des Kleinen Planeten Ceres durch den italienischen Astronomen Piazzi[33] in Palermo in der Nacht des 1. 1. 1801. Seitdem das nahezu »geometrische« Titius-Bodesche »Abstandsge-

27 Johanna Osthoff (1780–1809), Gauß' erste Frau (seit 1805).
28 Gerardy 1977a, S. 17.
29 Schmidt 1899, S. 61.
30 Christian Ernst Osthoff (1742–1804), Vater der ersten Frau von Gauß.
31 Schmidt 1899, S. 80.
32 Joseph Gauß (1806–1873), hannoverscher Artillerieoffizier (1824 bis 1846), danach Eisenbahndirektor und Oberbaurat in Hannover.
33 Giuseppe Piazzi (1746–1826), Astronom in Palermo.

setz«[34] (1766 bzw. 1772) der schon von Kepler[35] geäußerten Vermutung eines Planeten zwischen Mars und Jupiter neue Stützung verliehen hatte und 1781 die Entdeckung des Uranus durch den englischen Astronomen Herschel[36] eine Bestätigung jener, von Gauß als »lusus ingenii« (Phantasiespiel)[37] bezeichneten, ungefähren Entfernungsregel gebracht hatte, war die Suche nach einem Wandelstern zwischen den inneren und den äußeren Planeten unter starker Anteilnahme der Öffentlichkeit intensiviert worden. So fand die erwähnte Entdeckung Piazzis viel Beachtung, jedoch reichten seine Beobachtungen für eine mit herkömmlichen Mitteln unternommene Bahnbestimmung nicht aus. Da erhielt Gauß durch seinen Förderer Zimmermann, der im Begriff war, eine Reise nach Weimar anzutreten, etwa am 20. 10. 1801 das Septemberheft der durch von Zach[38] herausgegebenen Zeitschrift »Monatliche Correspondenz zur Beförderung der Erd- und Himmels-Kunde« (Band 4), in welchem die Piazzischen Beobachtungen des Planetoiden durch Zach bekanntgemacht wurden. Gauß maß der Aushändigung dieses Artikels an ihn entscheidende Bedeutung bei: Sie habe ihn zum Astronomen gemacht. Und in der Tat, er wurde durch sie zur Beschäftigung mit der Bahnbestimmung veranlaßt. Die von ihm gefundenen neuen Methoden führten zu einer Ephemeride, die unabhängig voneinander Zach und Olbers, einem Arzt und Astronomen in Bremen, der als väterlicher Freund noch eine große Rolle in Gauß' Leben spielen sollte,[39] zum Jahreswechsel die Wiederauffindung der Ceres ermöglichte. War Gauß durch seine »Disquisitiones Arithmeticae« in engeren Fachkreisen sehr bekannt geworden, so machte ihn nun sein astronomischer Erfolg in breitesten Kreisen zu einer

34 Johann Daniel Titius (1729–1796), Mathematiker in Wittenberg, und Johann Elert Bode (1747–1826), Astronom in Berlin. Die mittleren Abstände der Planeten von der Sonne gehorchen angenähert einer geometrischen Reihe, die 1772 von Titius gefunden, später von Bode bestätigt und bekanntgemacht wurde.

35 Johannes Kepler (1571–1630), Astronom in Graz (1594–1600), danach in Prag, ab 1612 in Linz und an anderen Orten.

36 William (Wilhelm) Herschel (1738–1822), aus Hannover stammender, in England wirkender Astronom.

37 Humboldt 1845/62, 3, S. 444.

38 Franz Xaver von Zach (1754–1832), aus Pest stammender Astronom, 1787–1805 auf dem Seeberg bei Gotha, wo sich Gauß ab August 1803 von ihm vier Monate in praktischer Astronomie unterweisen ließ. – Zum folgenden vgl. Biermann 1977c.

39 Wilhelm Olbers (1758–1840), Arzt und Astronom in Bremen. Gauß hat keinen seiner Freunde so oft besucht wie Olbers. Im Juli und August 1824 verbrachte er allein sechs Wochen in Bremen.

Berühmtheit. Der Herzog von Braunschweig faßte den Entschluß, für Gauß eine eigene Sternwarte in Braunschweig errichten zu lassen, ein Plan, der freilich nicht mehr zur Ausführung kam. Die der Entdeckung der Ceres folgenden Auffindungen weiterer Kleiner Planeten (Pallas 1802 durch Olbers, Juno 1804 durch Gauß' Göttinger Kollegen Harding[40], Vesta 1807 durch Olbers)[41] hatten die zeitweilige Hintansetzung der reinen Mathematik, die intensive Beschäftigung mit den Methoden der Bahnbestimmung und ausgedehnte Störungsrechnungen zur Folge, in deren Ergebnis 1809 in Hamburg sein zweites, sein astronomisches Hauptwerk »Theoria motus corporum coelestium in sectionibus conicis solem ambientium«[42] (Theorie der Bewegung der Himmelskörper, welche in Kegelschnitten die Sonne umlaufen) erschien, das seinen Ruhm für alle Zeiten noch fester begründete. So stellt das Jahr 1801 tatsächlich eine Zäsur in Gauß' Leben und Wirken dar. Der Ruf nach Göttingen war ein Ergebnis seiner astronomischen Erfolge. Indessen konnten er und seine Frau sich des sozialen Aufstiegs in schwerer Zeit nicht lange erfreuen. Zwar wurde am 29.2.1808 eine gesunde Tochter Wilhelmine (Minna) geboren, aber Frau Gauß starb bald nach der Geburt ihres dritten Kindes Ludwig, erst 29 Jahre alt, am 11.10.1809. Gauß war untröstlich. Seine hier wiedergegebene Klage um die verlorene Gefährtin ist, wie bereits gesagt, das ergreifende Denkmal einer großen Liebe.

Schon vier Monate nach dem Tode Johannas wurde Gauß der Vorschlag gemacht, sich wieder zu verheiraten.[43] Und Gauß hat offenbar diesen Rat »gut aufgenommen«.[44] Er mußte einerseits sehen, den verwaisten Kindern – dem dreijährigen Sohn Joseph und der zweijährigen Tochter Minna (das dritte Kind Ludwig hatte Johanna nur um 4 ½ Monate überlebt) – eine neue Mutter zu geben, und andererseits traf auf ihn das zu, was nach besonders glückli-

40 Ludwig Harding (1765–1834), Astronom in Göttingen. Sein anfänglich gutes Verhältnis zu Gauß, seinem Direktor, wurde im Laufe der Jahre gestört.

41 Vier seiner Kinder nannte Gauß nach den Entdeckern Kleiner Planeten: Nach Piazzi, dem Entdecker der Ceres (1801), erhielt Joseph Gauß 1806 seinen Vornamen. Wilhelmine Gauß (genannt Minna), spätere Ewald (1808–1840), erhielt ihren Vornamen 1808 nach Olbers, 1802 Entdecker der Pallas. Ludwig (Louis) Gauß (1809–1810) wurde nach Harding genannt, der 1804 die Juno entdeckt hatte, und Wilhelm Gauß (1813–1879) wurde wiederum nach Olbers genannt, der 1807 die Vesta entdeckt hatte.

42 Gauß 1863/1933, 7, S. 1–288.

43 Poser 1987, S. 65.

44 Poser 1987, S. 66.

chen Ehen nicht selten ist: Der Gedanke, allein zu bleiben, war ihm unerträglich. Ohne Liebe konnte er nicht leben. Bereits am 27.3.1810 warb er um Wilhelmine Waldeck[45], wieder wie sechs Jahre zuvor um die erste Frau in schriftlicher Form. Gauß' meisterlich stilisierter, in diesem Buch wiedergegebener Antrag wurde angenommen; am 4.8.1810 erfolgte die Heirat. Obwohl mit Hannchen befreundet, war Wilhelmine (Minna genannt) das völlige Gegenteil ihrer Vorgängerin. Körperlich und psychisch labil, kompliziert, wohl etwas zur Hysterie neigend, Tochter eines vermögenden Göttinger Universitätsprofessors der Rechte. Gleich zu Beginn der engeren Bindung gibt es eine Krise: Die Braut, von Gauß nach Braunschweig mitgenommen, um dort Verwandten und Freunden vorgestellt zu werden, ist offenbar mit den angetroffenen bescheidenen Verhältnissen so wenig zufrieden, daß eine ernste Verstimmung eintritt. Wäre das Verlöbnis gelöst worden, so hätte Gauß einem Ruf des Gründers der Berliner Universität, Wilhelm von Humboldt[46], Folge geleistet und wäre in die preußische Hauptstadt gegangen. Da das Zerwürfnis beigelegt wurde (dabei dürfte eine Rolle gespielt haben, daß bereits ein Bräutigam Wilhelmines[47] die Verlobung mit ihr aufgelöst hatte), blieb Gauß in Göttingen, weil sich seine Braut nicht von ihren Eltern trennen wollte. Kleine Ursachen, große Wirkungen... Und dennoch: Trotz der Anfangsschwierigkeiten scheint auch diese Ehe glücklich geworden zu sein.

Seine erste Liebe hat Gauß freilich nie vergessen können. Noch 1848 sprach er von »Wunden, die niemals ganz vernarben«.[48] Zudem erinnerte ihn seine Tochter Minna, die ihrer Mutter in Aussehen und Charakter immer ähnlicher wurde, täglich an seinen Verlust. Aus Gauß' zweiter Ehe gingen ebenfalls drei Kinder hervor: die Söhne Eugen[49] und Wilhelm[50] sowie eine Tochter Therese[51]; es wird darauf noch zurückzukommen sein.

45 Wilhelmine (Minna) Waldeck (1788–1831), Gauß' zweite Frau (seit 1810).

46 Wilhelm von Humboldt (1767–1835), Diplomat und Staatsmann, Philosoph und Sprachforscher; Bruder Alexander von Humboldts.

47 Ein gewisser Witmütz. Mehr ist über ihn nicht bekannt.

48 Mack 1927, S. 61.

49 Eugen Gauß (1811–1896), brach das Studium der Rechtswissenschaften ab und ging 1830 in die USA, wo er ein erfolgreicher Geschäftsmann wurde.

50 Siehe Anm. 41; Wilhelm Gauß, der Landwirt wurde, ging 1837 ebenfalls in die USA. Auch er wurde dort ein vermögender Kaufmann und Farmer.

51 Therese Gauß (1816–1864), Gauß' jüngste Tochter, führte ihrem Vater den Haushalt.

Als Gauß am 21.11.1807 in Göttingen eintraf, war der Bau der neuen Sternwarte noch in den Anfängen, obwohl schon 1803 der Grundstein dazu gelegt worden war. Es ist erklärlich, daß er unter den gegebenen politischen Verhältnissen nach 1806 nur sehr zögernd vorankam. Zwar wurden 1810 durch Jérôme, den König von Westfalen mit Sitz in Kassel, 200000 Francs für den Weiterbau bewilligt, aber erst 1816 konnte der Bau beendet werden. Aus der »Franzosenzeit«, in der Gauß 1808 einen persönlichen Beitrag zur Kontribution in Höhe von 2000 Francs, annähernd ein halbes Jahresgehalt, leisten mußte (allerdings wurde ihm die Hälfte erlassen, und für den Rest kam anonym der Fürstprimas des unter Napoleons Protektorat stehenden Rheinbundes[52] auf), bringen wir ein kennzeichnendes Dokument, die an den Generalstudiendirektor des Königreichs Westfalen, Johannes von Müller[53], gerichtete Bitte, ihm die lateinische Antrittsrede in Göttingen zu erlassen. Der schweizerische Historiker Johannes von Müller war ein glühender Verehrer Friedrichs II. von Preußen gewesen, bis ihn eine Unterredung mit Napoleon zu dessen begeistertem Anhänger gemacht hatte. Der Dank war die Stellung im Range eines Unterrichtsministers von Westfalen. Gauß' einstiger Förderer Zimmermann, ein unbedingter Gegner der Fremdherrschaft, bescheinigte von Müller, er täte soviel, als er tun könne,[54] und in der Tat scheint von Müller seine schützende Hand auch über Gauß gehalten zu haben. Gemessen am Los ungezählter, ist Gauß ohne größere materielle Verluste über die schweren Jahre gekommen. Freilich war auch in Kassel nicht unbemerkt geblieben, daß er sich in Paris unter den führenden Mathematikern – und diese galten bei Napoleon viel – höchsten Ansehens erfreute. Einer der dortigen mathematischen Korrespondenten von Gauß mit Namen Le Blanc hatte schon dafür gesorgt, daß sich die Okkupationsmacht in Braunschweig um das Wohlergehen von Gauß kümmerte, der seit 1804 Korrespondierendes Mitglied der französischen Académie des sciences war. Zu seiner nicht geringen Überraschung erfuhr Gauß, daß sich hinter dem Pseudonym eine Frau, die hochbegabte Mathematikerin Sophie Germain[55], verbarg, die zu dem kleinen, mathematisch elitären Personenkreis ge-

52 Carl Theodor Reichsfreiherr von Dalberg (1744–1817), der letzte Kurfürst von Mainz.

53 Johannes von (1791) Müller (1752–1809) aus Schaffhausen, seit 1804 als Historiograph in Berlin, nach 1806 in französischen bzw. westfälischen Diensten.

54 Poser 1987, S. 49.

55 Sophie Germain (1776–1831), französische Mathematikerin, benutzte Gauß gegenüber anfangs das Pseudonym Le Blanc.

hörte, dem es gelang, tiefer in seine Disquisitiones Arithmeticae einzudringen.

Gauß lernte Jérôme bei dessen erstem Besuch in Göttingen, der Hauptstadt seines »Département Leine«, am 15.5.1808 kennen und wurde von ihm im Sommer 1809 mit dem »Orden der Westfälischen Krone« ausgezeichnet. Das verdankte Gauß seiner Reputation, nicht kollaborateurhafter Anbiederung. Wie Gauß dachte, zeigt sein Brief an Olbers vom 12.3.1811, in dem er die Eingliederung Bremens als Hauptstadt des Departements der Wesermündungen in das französische Imperium eine »Katastrophe« nannte. Im übrigen waren jene Jahre des Wartens auf die Fertigstellung der Sternwarte durch erste Vorlesungen (1808) – gegen die er eine Abneigung nie überwand –, durch aufwendige Bahn- und Störungsrechnungen, aber auch durch wichtige mathematische Fortschritte, u.a. auf den Gebieten der Funktionen- und Zahlentheorie, gekennzeichnet. Berufungen nach Dorpat, Leipzig und Berlin wurden abgelehnt. Eine Schule hat Gauß in der Mathematik nicht gebildet, wohl aber in der Astronomie. Und diese Schulbildung begann ebenfalls in dieser Zeit.

Nach dem Ende des Befreiungskampfes gegen die französische Fremdherrschaft reiste Gauß mit seinem Sohn Joseph im April 1816 nach München, um über die instrumentelle Ausrüstung seiner kurz vor der Fertigstellung stehenden Sternwarte mit Fraunhofer[56], dem führenden Optiker jener Tage, dem namhaften Techniker von Reichenbach[57] und dem Unternehmer von Utzschneider[58] zu verhandeln, der die Ideen beider realisierte. Es ist dies eine der wenigen Reisen, die Gauß je aus seiner niedersächsischen Heimat hinausgeführt haben. Sie findet hier ihren Niederschlag ebenso wie die beiden späteren Reisen (1825 nach Südwestdeutschland und 1828 nach Berlin).

Es ist seltsam: In dem Moment, in dem die Sternwarte endlich fertig ist und die eigentliche praktische Arbeit beginnen kann, wendet sich Gauß, eben 40 Jahre alt geworden, überwiegend einem neuen Gebiet zu, das er sich in Theorie und Praxis in kurzer Zeit unterwirft, der Geodäsie.

Der Physik-Nobelpreisträger Fermi[59] hat einmal empfohlen, der

56 Joseph von (1824) Fraunhofer (1787–1826), berühmter bayerischer Optiker, konstruierte u.a. Fernrohre und Mikroskope.

57 Georg von Reichenbach (1772–1826) wurde als Mechaniker u.a. durch seine Kreisteilmaschine bekannt.

58 Joseph von Utzschneider (1763–1840), ein Pionier der kapitalistischen Produktionsweise in Bayern.

59 Enrico Fermi (1901–1954), Nobelpreis für Physik 1938.

Wissenschaftler solle zur Erhaltung seiner geistigen Frische etwa alle zehn Jahre sein Arbeitsfeld wechseln.[60] Gauß hat die Verwirklichung dieses Rats vorweggenommen. Er wechselte von der Mathematik zur Astronomie; sie wurde von der Geodäsie abgelöst, der die Physik folgte, wobei freilich immer der zeitweiligen Rückkehr zur reinen Mathematik eine Erholungsfunktion zukam. Schließlich erfolgte die intensive Beschäftigung mit der russischen Sprache – auch davon wird noch zu berichten sein – ausdrücklich zur Erprobung des Gedächtnisses und um seinen Geist für neue Eindrücke empfänglich zu erhalten. Dies Rezept bewährte sich.

Wie war nun die Geodäsie zu einem Vorzugsplatz in seinen Interessen gekommen?

Voraussetzungen dafür waren schon, wie erwähnt, um die Jahrhundertwende geschaffen worden, als Gauß bemüht war, eine Gegenleistung für sein Stipendium zu erbringen. Wir wissen von Winkelmessungen in der Umgebung Göttingens in den Jahren 1809 und 1813, die 1816 zu einer neuen Methode führten, die Meßergebnisse dem Kalkül zu unterwerfen. Im gleichen Jahr 1816 berichtete ihm Schumacher[61] von einer dänischen Gradmessung und äußerte den Gedanken einer Fortsetzung im Hannoverschen durch Gauß. Dieser nahm die Anregung seines ehemaligen Schülers, der im Laufe der Jahre zu seinem vertrautesten Briefpartner wurde, enthusiastisch auf. Schumacher, ursprünglich Jurist, hatte sich bei Gauß 1808 in die Astronomie eingearbeitet. Mit der ihm eigenen diplomatischen Gewandtheit wußte er alle Hindernisse aus dem Weg zu räumen und sorgte dafür, daß Gauß 1820 vom englischen König Georg IV.[62] den offiziellen Auftrag erhielt, »das nützliche Werk einer Fortsetzung der Dänischen Gradmessung durch Unsere dortigen Lande« auszuführen.[63] Gauß ahnte schwerlich, welche Last ihm damit aufgebürdet wurde. Er, der, wie erwähnt, kaum je eine größere Reise unternommen hat, sogar die Reise von Göttingen nach Braunschweig scheute, so daß er seine Vaterstadt nach 1821 nie wieder besucht hat, in den letzten 24 Jahren seines Lebens keine einzige Nacht außerhalb seines Hauses verbracht hat, den jede Ab-

60 Ardenne 1972, S. 316.

61 Heinrich Christian Schumacher (1780–1850), Astronom in dem damals zum Herrschaftsbereich der dänischen Krone gehörenden Altona. Gründete 1821 die bis auf den heutigen Tag erscheinenden »Astronomischen Nachrichten«, die er bis zu seinem Tod herausgab. Schüler von Gauß.

62 Georg IV. (1762–1830), König von Großbritannien und Hannover 1820–1830.

63 Faksimile der Kabinetts-Ordre vom 9.5.1820 bei Gerardy 1955, S. 85.

weichung von einer streng normierten Lebensweise unwohl werden ließ, der in hohem Maße wetterfühlig war (heiße und schwüle Witterung machten ihn krank) – er mußte nun von 1821 bis 1825 alljährlich fast ein halbes Jahr, insgesamt über zwei Jahre, im Gelände zubringen, sich zu Fuß, mit dem Pferd und auf dem Wagen durch Wälder und z. T. vom Verkehr noch unberührte und unerschlossene Gegenden bewegen, Kirchtürme ersteigen, sich Wind und Wetter aussetzen, Bequemlichkeiten entbehren, unter unhygienischen Bedingungen leben, Strapazen der verschiedensten Art auf sich nehmen. Tagsüber war er mit Messungen und Erkundungen befaßt; der Abend wurde durch Rechnungen in Anspruch genommen, ehe einige Nachtstunden neue Kraft zu finden gestatteten. Besonders aufreibend wurde die Triangulation in der Lüneburger Heide, in der sich die Schwierigkeiten der Erkundung und Messung vervielfachten. Als tüchtige Gehilfen standen ihm sein Sohn Joseph und die Offiziere Dr. Müller[64] und Hartmann[65] zur Seite. Erleichtert wurden die Messungen durch eine Gaußsche Erfindung, den Heliotropen, auf die er besonders stolz gewesen ist. Der Heliotrop (»Sonnenwender«) gestattete, Sonnenlicht in jede gewünschte Richtung zu reflektieren, und diente überdies als optischer Telegraph. Für die Nachrichtenübermittlung wurde ein von Gauß entworfener Code benutzt.

Die eigentliche Gradmessung dauerte von 1821 bis 1823; 1824 und 1825 erfolgte die Ausdehnung nach Westen und Norden, bei welcher Gelegenheit Gauß im Juli 1825 nach Wangerooge übersetzte und so die einzige Seefahrt seines Lebens unternahm. Die astronomischen Messungen mit dem Ziel, den Breitenunterschied zwischen den Sternwarten Göttingen und Altona zu bestimmen, zogen sich bis 1827 hin. Es folgte ein neuer Abschnitt mit der Ausdehnung der Triangulation über das gesamte Land Hannover, der von 1828 bis 1844 dauerte, von Gauß zwar keine Arbeiten im Gelände mehr verlangte, aber unter seiner Verantwortung stand und ihm die ganze Bürde der Berechnungsarbeiten auferlegte.

Es hat nicht an Vorwürfen durch Freunde gefehlt, daß Gauß seine kostbare Zeit auf dies geodätische Unternehmen verwendet hat, das ebensogut von anderen hätte durchgeführt werden können und ihn

64 Georg Wilhelm Müller (1785–1843), hannoverscher Offizier, zuletzt Major, Gehilfe von Gauß bei der Landesvermessung; Schüler von Gauß.

65 Friedrich Hartmann (1796–1834), hannoverscher Offizier, zuletzt Kapitän (Hauptmann), Gehilfe von Gauß bei der Landesvermessung.

hinderte, die von ihm angewandte konforme Projektion in voller Ausführlichkeit bekanntzugeben. Es blieb bei der Veröffentlichung einzelner Ergebnisse seiner Untersuchungen zur höheren Geodäsie. Er hat auf solche Vorhaltungen sehr empfindlich reagiert. Zum einen wußte er den Rechnungen und der Fehlersuche immer eine unterhaltsame, ja eine für ihn vergnügliche Seite abzugewinnen, zum anderen war er auf die zusätzlichen Einnahmen, die die Vermessungen ihm brachten, angewiesen, war doch sein Gehalt von 1400 Talern pro Jahr seit 1810 unverändert geblieben. Als 1825 seine Einkünfte auf 2500 Taler erhöht wurden, um einen Weggang nach Berlin zu verhindern, konnte er sich auf die Arbeiten am Schreibtisch beschränken. Schließlich scheinen sich, alles in allem genommen, die Anstrengungen doch nicht nachteilig auf seinen Gesundheitszustand ausgewirkt zu haben. Gegen Ende seines überwiegend geodätisch bestimmten Lebensabschnitts trat eine schwere Krise ein: Seine Frau Minna, schon seit etwa 1818 kränkelnd, so daß sie wiederholt zur Kur fahren mußte, erkrankte an Lungentuberkulose. Ihr zunächst schwankender Gesundheitszustand verschlechtert sich; sie wird zum Pflegefall.

Die beiden Söhne aus zweiter Ehe, Eugen und Wilhelm, müssen daher ein Internat in Celle besuchen. Ein Defizit an elterlicher Zuwendung scheint sich auf beide nachteilig ausgewirkt zu haben. Eugen, der talentierteste der Gauß-Nachkommen und wohl derjenige, der eine mathematische Begabung geerbt hat, soll in die Fußtapfen seines Großvaters[66] mütterlicherseits treten und beginnt im Frühjahr 1829 ein Studium der Rechtswissenschaften in Göttingen. Er führt indessen ein lockeres Studentenleben. Was sich genau zugetragen hat, wissen wir nicht; es ist die Rede von Glücksspiel, von Schulden, die der Vater bezahlen sollte, von einem Konflikt mit dem Universitätsrichter, von einem studentischen Fecht-Zweikampf. Was wir wissen, ist, daß der »Aufsteiger« Gauß nicht das geringste Verständnis für seinen leichtlebigen Sohn aufbrachte, zumal in dieser Situation größter Sorge um seine Frau. Nach einem gewaltigen Krach wird der Sohn zum »Aussteiger« und taucht unter. Nur Gauß' Mutter[67], die von 1817 bis zu ihrem Tode 1839 in seinem Hause lebte, scheint Verständnis für den Enkel gezeigt zu haben.

66 Johann Peter Waldeck (1751–1815), Professor der Rechtswissenschaften in Göttingen; Schwiegervater von Gauß nach dessen zweiter Eheschließung.

67 Dorothea Gauß, geb. Benze (1743–1839), die Mutter von Gauß, zweite Frau seines Vaters Gerhard (Gebhard) Dietrich Gauß (1744 bis 1808).

Gauß war hilflos und wandte sich an seine Freunde Olbers, Schumacher und Gerling[68] mit der Bitte um Rat. Nachdem Eugen gefunden worden ist, expediert ihn sein Vater im September 1830 von Bremen aus in die USA – ein damals probates Mittel, um »mißratene« Söhne loszuwerden.

In der furchtbaren Erregung dieser Tage über den »Tunichtgut« und danach über dessen auch in Amerika anfänglich fortgesetzten Leichtsinn, in der Furcht, durch ein Wiedererscheinen des »Taugenichts« in Göttingen kompromittiert zu werden, ist es vor allen anderen *ein* Korrespondent, der Gauß durch seinen nüchternen Sinn für praktikable Lösungen unentbehrlich wird: sein eben genannter ehemaliger Schüler Gerling in Marburg. Er berät ihn auch bei den auftretenden Schwierigkeiten mit dem jüngeren Sohn aus der Ehe mit Minna, Wilhelm. Dieser, weniger renitent als sein Bruder, strebt kein Hochschulstudium an; er will Landwirt werden. Zwar ist ihm Widersetzlichkeit gegen den Vater fremd, aber er hat die Unausgeglichenheit der Mutter geerbt. Auf keiner Lehr- oder Arbeitsstelle hält er lange aus. Er ist reizbar und überwirft sich regelmäßig mit seinen Arbeitgebern. 1837 geht schließlich auch er in die USA, nachdem er zuvor Luise Fallenstein[69] geheiratet hat, eine Nichte des genialen Astronomen Bessel[70], Direktors der Sternwarte im damaligen Königsberg und langjährigen Korrespondenten von Gauß.

Beide Söhne bringen es nach wechselvollem Leben in Amerika in der Nähe von St. Louis (Missouri), aber getrennt und unabhängig voneinander, als Kaufleute und Farmer zu Reichtum und Ansehen. 1844 heiratet auch Eugen[71] und gründet wie sein Bruder eine große Familie. Gegen Lebensende grollt Gauß ihm nicht mehr; die Zeit hat die Wunden geheilt. Joseph Gauß, der Sohn aus erster Ehe, hat seinem Vater nie Kummer gemacht. Er war strebsam und verträglich. Zunächst hatte er seinem Vater bei den geodätischen Messungen geholfen. Dabei fand er im Umgang mit den zur Hilfeleistung abkommandierten Offizieren Gefallen an einer militärischen Laufbahn. 1824 trat er daher als Kadett bei der hannoverschen Artillerie ein. Später war er wieder unter den die Landesvermessung

68 Christian Ludwig Gerling (1788–1864), Professor der Mathematik, Physik und Astronomie.

69 Luise Gauß, geb. Fallenstein (1813–1883), Frau von Wilhelm Gauß.

70 Friedrich Wilhelm Bessel (1784–1846), als Astronom Autodidakt, wurde er zu dem bedeutendsten deutschen Vertreter seines Faches in der ersten Hälfte des 19. Jahrhunderts. Seine Schwester Charlotte Friederike Fallenstein war die Mutter von Luise Gauß.

71 Henrietta Gauß, geb. Fawcett (1817–1909), Frau von Eugen Gauß.

durchführenden Offizieren. 1836 reiste er in die USA, um seine Kenntnis des Eisenbahnbaus zu vervollkommnen, denn die Aussichtslosigkeit eines Vorwärtskommens in der Offizierslaufbahn (er ist nie über den Rang eines Oberleutnants hinausgekommen) hatte ihn zu dem Entschluß gebracht, sich ganz dem zukunftsträchtigen Eisenbahnbau zu widmen. Übrigens ließ sich seine Absicht, den Halbbruder Eugen während des Amerikaaufenthalts zu sehen, nicht verwirklichen. 1846 verließ Joseph den militärischen Dienst und wurde einer der Direktoren der hannoverschen Eisenbahn sowie Oberbaurat. Erst 1840 konnte er heiraten.[72] Die Ehe blieb zum Kummer seines Vaters lange kinderlos, bis nach neun Jahren ein Sohn[73] geboren wurde. (Heute leben sowohl in Europa wie in den USA direkte Nachkommen von Gauß).

Die zärtlich geliebte Tochter Minna aus erster Ehe, wie erwähnt ein Ebenbild ihrer unvergessenen Mutter Johanna, heiratete 1830 den Göttinger Orientalisten Ewald[74], aber schon bald zeigte sich, daß sie sich bei der Pflege der Stiefmutter[75] infiziert hatte. Sie starb bereits 1840, erst 32 Jahre alt, tief betrauert von ihrem Vater. Die jüngste Tochter Therese schließlich, ein verschlossener und komplizierter Mensch, häufig kränkelnd, hatte viel mit ihrer Mutter Minna gemeinsam. Sie führte ihrem Vater, der auch sie innig liebte, den Haushalt bis zu dessen Tode und ging danach eine unglückliche Ehe ein.[76] Beide Töchter blieben kinderlos.

Doch zurück zum Jahr 1831. Am 12. September beendet der Tod die Leiden der zweiten, 43 Jahre alten Frau von Gauß nach qualvollem Siechtum. Die Sorgen um ihren Sohn Eugen hatten ihr letztes Lebensjahr zusätzlich überschattet. Gauß befand sich wie nach dem Tode Hannchens auf einem Tiefpunkt. Damals, 1809, hatte er Trost und Ablenkung auf einer Reise zu seinem verehrten väterlichen Freund Olbers in Bremen, zu seinem Schüler Schumacher in Altona sowie zu Freunden in Braunschweig gesucht und gefunden. Jetzt kam ihm ein junger Mann aus Sachsen, der 27jährige Physiker Wilhelm Weber[77], zu Hilfe.

72 Sophie Friederike Gauß, geb. Erythropel (1818–1883), Frau von Joseph Gauß.

73 Carl Gauß (1849–1927), Landwirt in Lohne bei Hannover.

74 Heinrich Ewald (1803–1875), Professor der Orientalistik und der Theologie in Göttingen bzw. (1838–1848) in Tübingen.

75 Wilhelmine (Minna) Gauß, geb. Waldeck, Gauß' zweite Frau, siehe Anm. 45.

76 Therese Gauß heiratete 1856 den Schauspieler Constantin Wilhelm Staufenau (1809–1886).

77 Wilhelm Weber (1804–1891), Professor der Physik in Göttingen bzw. (1843–1849) in Leipzig; Freund und Mitarbeiter von Gauß.

Gauß hatte im September 1828 als persönlicher Gast seines Freundes, des weltberühmten Alexander von Humboldt, in Berlin an der VII. Versammlung deutscher Naturforscher und Ärzte teilgenommen. (Es war »fast wie der Übertritt aus atmosphärischer Luft in Sauerstoffgas«, urteilte Gauß zwei Monate danach.)[78] Bei dieser Gelegenheit lernte er Weber kennen. Der Vortrag des jungen Spezialisten für Wellen und Schwingungen[79] hatte ihn sehr beeindruckt, und er schlug ihn am 27.2.1831 neben anderen für den frei gewordenen Göttinger Physikerlehrstuhl vor[80]. Weber wurde berufen und traf in Göttingen wenige Tage nach dem Tode von Minna Gauß ein. Ein Brief Humboldts an Weber, in dem u.a. die Anregung enthalten war, man möge sich in Göttingen an korrespondierenden Messungen des Geomagnetismus beteiligen[81], führte zu näherem Umgang Webers mit Gauß, zur Verwirklichung der Anregung Humboldts und zu raschem Abbau der Gaußschen Depression. Es kommt zu enger Zusammenarbeit bei der Erforschung des Elektro- und Geomagnetismus; es beginnt die physikalische Schaffensperiode von Gauß. Schon am 2.4.1832 kann er Gerling mitteilen, fast täglich komme er auf eine neue Idee.[82] Er ist ungeduldig, weil die Realisierung seiner Einfälle nicht rasch genug vonstatten geht. Gauß als Theoretiker und Weber als Experimentator und Praktiker ergänzen sich auf das glücklichste. Wir haben diesen Höhepunkt durch eine größere Zahl von Zitaten hervorgehoben. Zum Jahresende 1832 finden wir einen völlig verwandelten Gauß, fröhlich, gelöst, gesellig.[83] Er hat in Weber einen Partner, gewissermaßen einen Ersatzsohn gefunden, der die Neigungen und Fähigkeiten besitzt, die er bei seinen leiblichen Söhnen vermißt. (In ähnlicher Weise war Olbers für Gauß ein Vaterersatz.) Das Interesse von Gauß am Erdmagnetismus war alt, aber es zu betätigen, dazu kommt er nun erst. Gauß und Weber stellen ein allgemeines absolutes physikalisches Maßsystem auf, sie nehmen 1833 gemeinsam den ersten elektromagnetischen Telegraphen in Betrieb, ab 1836 geben sie zusammen eine Zeitschrift heraus, die »Resultate aus den Beobachtungen des Magnetischen Vereins«[84], einer Art internationaler Arbeitsgemeinschaft zur korrespondierenden Beobachtung des Geomagnetismus,

78 Schaefer 1927, S. 329.
79 Wiederkehr 1967.
80 Wiederkehr 1973.
81 Biermann 1971b.
82 Schaefer 1927, S. 388.
83 Wiederkehr 1967, S. 52–53.
84 Gauß 1863/1933, 5 und 12.

die rasch an die Stelle des zuvor von Humboldt initiierten, weniger dichten Beobachtungsnetzes tritt.

Man ist versucht zu sagen, die Mitte der 30er Jahre stellte für Gauß einen zweiten Frühling in seiner Kreativität dar. Es ist ihm »eine wahre Lust«[85], mit den gemeinsam mit Weber konstruierten Meßgeräten die Geheimnisse des Erdmagnetismus zu entschleiern. Die Sorgen um Eugen und Wilhelm treten in den Hintergrund, fast jede Woche, ja fast täglich findet er Neues.[86] Freilich begegnen wir auch Belegen für schlechte Stimmung[87], aber ein optimistischer Grundzug ist unverkennbar.[88] Gauß sieht großartige Perspektiven für die Telegraphie, hat viele wissenschaftliche Pläne. Da tritt plötzlich eine Wende ein: Gauß ist zumute, »wie wenn eine neue Welt entdeckt, der Weg hinein geebnet und dann auf einmal das Tor vor uns zugeschlagen wird!«[89]

Was war geschehen?

Mit der Thronbesteigung der Königin Viktoria[90] im Jahre 1837 endete – wie bereits erwähnt – die Personalunion zwischen Großbritannien und Hannover infolge differierender Erbfolgeregelungen. König von Hannover wurde Viktorias Onkel Ernst August[91]. Dieser, Absolutist alten Stils, wollte nach eigener Willkür herrschen und war nicht bereit, seine Macht durch das relativ liberale Grundgesetz von 1833 einschränken zu lassen. Er hob daher diese Verfassung am 1.11.1837 auf. Am 18. November protestierten hiergegen, auch das wurde schon gesagt, sieben Göttinger Professoren, die »Göttinger Sieben«, unter ihnen Weber und Gauß' Schwiegersohn Ewald,[92] und erklärten, es sei gegen ihr Gewissen, ihren auf die Verfassung abgelegten Eid zu brechen. Prompt wurden sie samt und sonders ihrer Ämter enthoben, drei von ihnen mußten sogar binnen dreier Tage das Land verlassen.[93] »Alles wie in Delhi«, empörte sich Alexander von Humboldt in jenen Tagen über den hannoverschen

85 Schering 1887, S. 30.
86 Schering 1887, S. 35; Schaefer 1927, S. 388.
87 Biermann 1966, S. 14.
88 Biermann 1977a, S. 46–47.
89 Biermann 1977a, S. 67.
90 Siehe Anm. 18.
91 Siehe Anm. 18.
92 Außer Ewald und Weber noch die Professoren für Rechtswissenschaften Wilhelm Eduard Albrecht (1800–1876), für Staatsrecht Friedrich Christoph Dahlmann (1785–1860), für Literaturwissenschaft Georg Gottfried Gervinus (1805–1871), für Germanistik Jacob Grimm (1785–1863) und sein Bruder Wilhelm Grimm (1786 bis 1859).
93 Dahlmann, Jacob Grimm und Gervinus.

»Tyrannen« und fügte prophetisch hinzu: »Solche Vorgänge fördern die Sache der Freiheit im schlummernden Deutschland.«[94]

Gauß, der den Protest nicht unterzeichnet hatte, aber die Beweggründe seiner Freunde und Kollegen respektierte, war über alle Maßen bestürzt und überlegte vorübergehend, Göttingen den Rücken zu kehren.[95] Nicht nur die so überaus fruchtbare Zusammenarbeit mit Weber stand plötzlich vor ihrem Ende. Auch von seiner schon recht kranken Tochter Minna mußte er sich trennen. Sie ging mit ihrem Mann nach Tübingen, der dorthin berufen wurde. Alexander von Humboldts Versuch, auf Bitten von Gauß unternommen, wenigstens für Weber eine Ausnahme zu erreichen, war ergebnislos.[96] Zwar blieb Weber ohne Professur mit Rücksicht auf Gauß noch und nahm erst 1843 einen Ruf nach Leipzig an, aber die unvermeidlich bevorstehende Trennung beraubte Gauß allen Schwunges. Was noch an gemeinsamer Arbeit getan wurde, entbehrte des rechten Elans, stand im Zeichen des kommenden Abschieds und hatte mehr den Charakter der Abwicklung als den zukunftsfrohen Schaffens. Dergestalt ist etwa mit dem Jahr 1839 das Ende der überwiegend physikalisch orientierten Periode im Wirken von Gauß anzusetzen. Die noch verbleibenden Jahre waren der Aufarbeitung verschiedener mathematischer, optischer, geodätischer und astronomischer Themen, der Beendigung der ihm übertragenen Maßregulierung – eine sehr zeitraubende Aufgabe –, auch einer Bilanzrechnung der Göttinger Professorenwitwen-Kasse gewidmet. Als Weber 1849 nach Göttingen zurückkehren konnte, war Gauß für ein Zusammenwirken in der früheren Art zu alt.

Aber noch einmal wandte sich Gauß einem neuen Interessengebiet zu, dem schon erwähnten Erlernen der russischen Sprache. Er begann damit im Frühjahr 1838, sicher nicht zufällig bald nach Webers Entlassung, um sich eine neue Fähigkeit anzueignen, dies als ein Mittel zur Verjüngung betrachtend.[97] Er spannte seine Korrespondenten in die Beschaffung von Literatur ein[98] und machte ganz erstaunliche Fortschritte, obwohl er sich diesem Sprachstudium nie ausschließlich gewidmet hat. Schon nach vier Jahren bescheinigte ihm ein zu Besuch in Göttingen weilender Russe, der Astronom Simonov[99], ein Schüler seines alten Freundes und Hilfs-

94 Biermann 1977a, S. 65.
95 Biermann 1977a, S. 65.
96 Biermann 1977a, S. 70–71.
97 Sartorius 1856, S. 91.
98 Biermann 1964a.
99 Ivan Michajlovič Simonov (1794–1855), Astronom in Kazań.

lehrers auf der Volksschule, Martin Bartels, er erlerne die russische Sprache »bis zur letzten Feinheit«[100] – was Gauß auch vornahm, er führte es mit der größten Gründlichkeit aus. Es zeigte sich, daß ihm Gedächtnis und geistige Elastizität auch im Alter in unverminderter Frische zu Gebote standen. Heute gilt Gauß in der UdSSR als derjenige unter den ausländischen Gelehrten des 19. Jahrhunderts, der, »wenn man von solchen absieht, die wie Alexander von Humboldt in Rußland geweilt haben, der russischen Wissenschaft und Kultur überhaupt am nächsten gestanden hat«.[101]

Inwieweit Gauß' Interesse an den Arbeiten Lobačevskijs[102], auch dieser einst Schüler von Bartels, über die nichteuklidische Geometrie ein Impuls zur Beschäftigung mit dem Russischen gewesen ist, wissen wir nicht. Was wir wissen ist, daß er einerseits seine Sprachkenntnisse benutzt hat, um Lobačevskijsche Arbeiten zu studieren, andererseits aber bestrebt war, russische historische und belletristische Literatur zu erhalten.[103] Übrigens hat er bekanntlich selbst nie etwas über die nichteuklidische Geometrie publiziert, aber er hat Lobačevskij zum Korrespondierenden Mitglied der Göttinger Akademie gemacht.[104] Hingegen mußte sich der Sohn seines Jugendfreundes Bolyai, János (Johann) Bolyai[105], ebenfalls einer der Pioniere der nichteuklidischen Geometrie, mit der merkwürdigen Anerkennung bescheiden, Gauß könne ihn nicht loben, denn ihn loben hieße, sich selbst zu loben.[106] Daß diese Form des Lobes den ohnehin psychisch labilen jungen Bolyai enttäuscht und verbittert hat, ist verständlich. Apropos Bolyai: *Ein* Brief an den Jugendfreund, mitten in dem »gewaltigen politischen und sozialen Erdbeben« geschrieben, das 1848/49 Europa erschütterte, durfte in unserer Auswahl nicht fehlen.[107] Weniger wegen der wieder zum Ausdruck kommenden Resignation und Melancholie oder wegen der darin enthaltenen Hoffnung, dem Tod folge eine »schönere Metamorphose«, als vielmehr wegen der Zuversicht, dem Umsturz der bestehenden Verhältnisse werde einst das von ihm und seinem Korrespondenten freilich kaum noch erlebbare »goldene Zeitalter«

100 Biermann 1964a, S. 46.
101 Moskau 1955, S. 109. – Hier aus dem Russischen übersetzt.
102 Nikolaj Ivanovič Lobačevskij (1792–1856), Mathematiker in Kazań, einer der Begründer der nichteuklidischen Geometrie.
103 Kol'man 1955, S. 386–387; Schoenberg 1955, S. 21.
104 Biermann 1973b.
105 János (Johann) Bolyai (1802–1860), ungarischer Offizier und Mathematiker, einer der Begründer der nichteuklidischen Geometrie.
106 Schmidt 1899, S. 109.
107 Schmidt 1899, S. 132–135.

folgen. Diese Äußerung steht in einem eklatanten Widerspruch zu seiner von den Gauß-Biographen in aller Regel hervorgehobenen Abneigung gegen Veränderung, Umwälzung oder gar Revolution. Gewiß, es gibt solche Äußerungen von Gauß, aber seine Neigung zum Konservatismus ist von Sartorius überbetont worden. Die unbezweifelbare Gaußsche Einsicht in die Notwendigkeit von Reformen könnte durch einen Umstand befördert worden sein, der zumindest »atmosphärisch« gewirkt haben dürfte und erst vor wenigen Jahren entdeckt wurde:[108] Zwei Männer aus Gauß' Umgebung, die sein volles Vertrauen besaßen, nämlich sein langjähriger Mechaniker Meyerstein[109] und sein Kollege und früherer Schüler Stern[110], gehörten zum Freundeskreis des radikalen, zeitweise kommunistischen Publizisten Bernays[111], der seinerseits als Gérant des »Vorwärts!« in Paris 1844 in engem Kontakt zu Karl Marx[112] stand.

Zu den Befürchtungen seines Alters gehörte für Gauß offenbar die Sorge, bei seinem Tod seinen Kindern wenig oder nichts hinterlassen zu können.[113] Indessen war Gauß einer derjenigen Mathematiker, die gut rechnen können, und zwar auch mit Geld. Bei seinem Ableben war ein durch Sparsamkeit, Kauf und Verkauf von Wertpapieren gebildetes Vermögen von umgerechnet 500000 Mark vorhanden – die damalige Kaufkraft des Geldes berücksichtigt, wäre er nach heutigen Maßstäben als Millionär gestorben.

Aus seinen Interessen im letzten Lebensabschnitt mit seinen wachsenden Altersbeschwerden ist hervorhebenswert die an der Sterblichkeitsstatistik im Säuglings- und im hohen Greisenalter. Genaue Zahlen hierzu wurden für ihn viel interessanter als etwa die Bestimmung einer neuen Planetenbahn[114]: Der näherrückende Tod verstärkte den Drang nach Einsicht in die Absterbeordnung.

108 Biermann 1978, S. 49.

109 Moritz Meyerstein (1808–1882), Mechaniker an der Göttinger Sternwarte.

110 Moritz Abraham Stern (1807–1894), Mathematiker an der Universität Göttingen.

111 Karl Ludwig (Charles Louis) Bernays (1815–1879), radikaler Publizist.

112 Karl Marx (1818–1883), Begründer der Theorie des Marxismus. – Wie Prof. Dr. Menso Folkerts, München, kürzlich festgestellt hat (briefliche Mitteilung vom 9. 9. 1988), besteht Grund zu der Annahme, daß Gauß im Mai 1850 in Eisenstein (siehe Text Nr. 139) einen geeigneten Nachfolger für sich sah. Das ist deshalb in diesem Zusammenhang hervorzuheben, als Gauß zu dieser Zeit wußte, daß Eisenstein in Berlin für »sehr rot« galt (Peters 1860/65, 6, S. 72).

113 Schmidt 1899, S. 133.

114 Biermann 1977a, S. 95.

Auch das Ableben seiner vertrauten Freunde und Weggefährten Olbers (1840), Bessel (1846), Schumacher (1850) und von Lindenau (1854)[115] erinnerte ihn an das bevorstehende Ende. Der Letztgenannte war der Nachfolger Zachs auf dem Seeberg bei Gotha gewesen, bis aus dem Astronomen schließlich ein sächsischer Minister wurde. Leider hat er, wohl aus Furcht vor Indiskretionen, auch die zahlreichen Briefe des ihm eng befreundeten Gauß vernichten lassen.

1853 griff in Europa das aus den USA kommende »Tischrücken« (table-moving) geradezu epidemisch um sich,[116] eine Form des Aberglaubens, Tote könnten sich durch (Zahlen oder Buchstaben entsprechende) Klopfzeichen eines Tischfußes bemerkbar machen. Gauß betrachtete solche Torheiten mit Gleichmut, ja er lachte darüber. Zugleich aber kamen ihm Zweifel daran, ob die sogenannten höheren Stände allein durch die Lektüre populärer Schriften oder das Hören populärer Vorträge ohne jede eigene geistige Anstrengung zu »probehaltiger Einsicht«[117] kommen könnten.

Gauß arbeitete in seinen letzten Jahren auch an dem Bild, das er von sich der Nachwelt hinterlassen möchte. Genaue Entsprechungen in seinen Briefen und in den von Sartorius[118] festgehaltenen mündlichen Äußerungen[119] belegen dies. Es entsteht das Bild des »eisernen« Gauß, eines »rocher de bronce«, unerschütterlich, ja übermenschlich. Es ist an anderer Stelle ausgeführt worden, daß die so entstandene Marmorskulptur eines Heros den Tatsachen nicht entspricht: Gauß verglich sich in einer schwachen Stunde mit einem »im Sturme gebeugten Rohr«.[120] Hier sei nur auf das Gespräch mit dem Biologen Wagner[121] auf dem Totenbett hingewiesen.

115 Bernhard von Lindenau (1779–1854), Astronom auf dem Seeberg bei Gotha, seit 1817 in der thüringischen, danach in der sächsischen Administration als Minister tätig.
116 Biermann 1977a, S. 110–111.
117 Biermann 1977a, S. 112.
118 Wolfgang Frh. Sartorius von Waltershausen (1809–1876), Geologe in Göttingen; Patenkind Goethes. Sartorius war für Gauß etwa das, was Johann Peter Eckermann (1792–1843) für Goethe gewesen ist, indem er den Inhalt der Gespräche von Gauß aufgezeichnet hat, z. T. in wörtlichen Zitaten. Als Student hatte er neben seinen geologischen und mineralogischen Vorlesungen die Gaußschen Kollegs besucht. Im Laufe der Jahre wurde er zu einem Freund und Vertrauten seines bewunderten Lehrers. Seit 1847 war er Professor an der Göttinger Universität.
119 Sartorius 1856.
120 Biermann 1978. – Peters 1860/65, 3, S. 200.
121 Rudolf Wagner (1805–1864), Biologe in Göttingen.

Sartorius hatte versichert, Gauß' Glaube sei »unerschütterlich« gewesen.[122] Hingegen belehrt uns das Gespräch mit Wagner in der Stunde der Wahrheit, daß Gauß diejenigen »beneidete«, die »so recht von Herzen glauben konnten«, und hinzufügte: »Sagen Sie mir doch, wie fängt man dies an?«[123]

Nein, Gauß war kein Heros; er war ein Mensch mit seinem Widerspruch, ein zweifelnder und suchender, von Stimmungen nicht freier, sehr vom Wetter abhängiger, leidender Mensch mit einem Hang zum Fatalismus, weich und sensibel, verletzlich, meist pessimistisch, zuzeiten aber auch fröhlich. Die hier vereinten Dokumente sollten das erkennen lassen.

Büßt Gauß dadurch an Faszination ein?[124] Im Gegenteil. Die Bewunderung für die Leistungen des in überaus starkem Maße von der ihn umgebenden Lebensatmosphäre Abhängigen wird noch gesteigert, wenn wir nun wissen und verstehen, daß er seine unsterblichen Werke unter nach seinen Maßstäben die geistige Kreativität keineswegs fördernden Umständen schuf, daß harte Arbeit unter ihm widrigen Umständen einen erheblich größeren Anteil im Verhältnis zur genialen Intuition hat, als früher angenommen, wenn wir erkennen, daß er nicht nur mit ungünstigen Arbeitsbedingungen und Schicksalsschlägen, sondern auch mit sich selbst zu ringen hatte.

Es wäre auch möglich gewesen, ohne entscheidenden Informationsverlust den hier vorgelegten Band allein mit Zitaten aus Briefen an Bolyai, Olbers, Bessel, Schumacher, Gerling und Alexander von Humboldt sowie an Angehörige zu bestreiten. Indessen war es die Absicht des Herausgebers, nicht nur das Verhältnis zu seiner Familie besonders zu berücksichtigen, sondern auch durch die Einbeziehung anderer Adressaten Breite und Vielfalt seiner ausgebreiteten Korrespondenz (Gauß hat wohl an die 8000 Briefe geschrieben) wenigstens anzudeuten. Dennoch ist sich der Herausgeber völlig bewußt, daß die Auswahl, Achillesferse jeder Anthologie, auch eine Frage subjektiven Geschmacks ist. Andere Bearbeiter hätten sicher teilweise abweichende Zitate gewählt. Der Editor hofft dennoch, durch seine Zusammenstellung – zusammen mit der Einführung und den Kommentaren – einen treffenden Überblick über die wichtigsten Stationen, Pläne und Erlebnisse, Ansichten und Erfahrungen, aber auch die innere Entwicklung des hervorragenden Mannes zu ermöglichen.

122 Sartorius 1856, S. 103.
123 Rubner 1975, S. 162.
124 Nach Biermann 1978, S. 48.

Nun noch einige Worte zur Präsentation der Texte.

Jedem Zitat ist ein durchnumerierter »Kopf« vorangestellt mit dem Namen dessen, *an* den der Brief gerichtet ist oder *zu* dem die zitierten Worte mündlich gesagt wurden. Dabei werden die Vornamen weiblicher Korrespondenten ausgeschrieben, die männlicher Briefpartner abgekürzt. Es folgen Ort und Datum des Briefes bzw. des Gesprächs sowie die Quelle, der der Text entnommen wurde.

Als Kolumnentitel fungieren bei den chronologisch gereihten Texten das Jahr des Ereignisses (nicht das Jahr der Niederschrift oder des Ausspruchs).

Rechtschreibung und Interpunktion sind dem heutigen Brauch angepaßt, da frühere Editoren differierende orthographische Regeln angewandt haben. Entsprechend wird im Text der Name Gauß stets so geschrieben, unabhängig davon, ob es in den benutzten Quellen Gauß oder Gauss heißt. Das gilt auch für die bibliographischen Angaben.

Auslassungen sind durch [...] kenntlich gemacht, jedoch in aller Regel nicht am Anfang und am Ende eines Textes. Anreden und Schlußformeln werden nur in einigen charakteristischen Fällen mit aufgeführt. Ergänzungen des Herausgebers sind ebenfalls in [ ] eingeschlossen.

Aus einer kleinen Anzahl von Briefen wird aus chronologischen Gesichtspunkten wiederholt an verschiedenen Stellen des Bandes zitiert. Die Stellen (Text-Nummern), an denen biographische Angaben zu den erwähnten Personen zu finden sind, werden im Personenregister hervorgehoben. (E steht für »Einführung«.) Ebenso sind im Quellen- und Literaturverzeichnis die Vorlagen für den Abdruck kenntlich gemacht. Die Nennung von Literatur in den Anmerkungen zur Einführung und zu den Texten gibt dem Leser die Möglichkeit der Nachprüfung der Aussagen des Herausgebers. Ferner wird in den Anmerkungen auch auf zusätzliche Literatur zu einem weiterführenden Studium verwiesen, sofern dies gewünscht wird. Sonstige Erklärungen und Erläuterungen in den Anmerkungen sollen einem möglichst großen Leserkreis das Verständnis erleichtern. Verweise auf andere einschlägige Stellen in den abgedruckten Briefen und Gesprächen gewährleisten deren rasches Auffinden.

Abschließend sei der Hoffnung Ausdruck verliehen, daß diese Anthologie dazu beiträgt, die Kenntnisse des Lebensweges von Carl Friedrich Gauß, seines Wollens und Wirkens, noch weiter zu verbreiten.

Prof. em. Dr. rer. nat. habil. Kurt-R. Biermann

HERKUNFT, ERINNERUNGEN AN DIE KINDHEIT

1777
1790

1
An Minna Waldeck
Göttingen, 15.4.1810
Mack 1927, S. 71–72

Meine Großväter[1] wohnten auf dem Lande und waren, wenn auch nicht ganz, doch halb, was man Bauern nennt. Mein Großvater väterl[icher]seits zog um das Jahr 1740 nach Braunschweig, wo er sich etablierte und hauptsächl[ich] von Gärtnerei nährte. Er hat drei Söhne[2] gehabt, wovon mein Vater der zweite war, aber die andern beiden, von denen meines Wissens keine Nachkommenschaft[3] vorhanden ist, starben viel früher als mein Vater, der seit 2 Jahren tot ist. Mein Vater hat vielerlei Beschäftigungen getrieben, außer der Gärtnerei hauptsächlich eine, die man hier Weißbinderei[4] nennt (zwar als Meister, aber ebenso tätig wie seine Gesellen); inzwischen, da er nach und nach zu einer Art Wohlhabenheit gelangte, gab er später seine übrigen Geschäfte ganz auf und behielt in den letzten 15 Jahren nur ein wenig Gärtnerei, die Assistenz bei einem Kaufmann in den Braunschweiger und Leipziger Messen (mein Vater schrieb und rechnete recht gut) und hauptsächlich ein kleines, ihm erteiltes Amt, nämlich das Einkassieren und Rechnungsführen der Gelder bei einer großen Totenkasse. Mein Vater war ein vollkommen rechtschaffener, in mancher Rücksicht achtungswerter und wirklich geachteter Mann; aber in seinem Hause war er sehr herrisch, rauh und unfein, und ich darf Ihnen sagen, er hat mein volles kindliches Vertrauen nie besessen, obwohl daraus nie ein eigentliches Mißverhältnis entstanden ist, da ich früh von ihm ganz unabhängig wurde. Mein Vater war zweimal verheiratet. Aus erster Ehe hatte er einen noch lebenden Sohn[5], neun Jahre älter als ich, ein ziemlich bornierter, aber im Grunde *sehr gutmütiger* Mensch, der dazu geboren ist, abhängig zu sein. Er lernte ein Handwerk, wanderte, kam 1794 zurück, litt dann an einer sehr gefährlichen Augenkrankheit, die ihn nötigte, sein Schneiderhandwerk aufzugeben; allein mein Vater litt keine Müßiggänger, und Bruder Georg mußte, da es zu spät war, noch ein anderes Metier[6] anzufangen, Soldat werden, doch nicht Musketier, sondern Artillerist, [...] im Jahre 1806 nahm er ganz seinen Abschied, und seit meines Vaters Tod hat er dessen Amt wieder erhalten, wovon sowie von den Messen[7] und der Gärtnerei und dem Anteil am väterlichen Vermögen er in seiner Art ganz gut leben kann. [...]

Meine Mutter, fünf Meilen von Braunschweig gebürtig[8], kam um das Jahr 1769 nach Braunschweig und hat dort mehrere Jahre als Magd gedient. Sie heiratete 1776 meinen Vater und hat weiter keine Kinder gehabt als mich. Ihre Ehe war nicht glücklich, aber hauptsächlich durch äußere Umstände und weil die beiden Charaktere nicht zusammenpaßten. Denn gewiß, meine Mutter ist eine sehr gute, wackere Frau, die bei manchen Schwächen Ihrer kindlichen Liebe nicht unwert ist. [... sie kann] Geschriebenes nicht lesen.

1 Jürgen Gauß (1712–1774), seit etwa 1739 in Braunschweig, und Christoph Ben(t)ze (1717–1748) in Velpke, rd. 30 km nordöstl. von Braunschweig (Borch 1929/32).
2 Peter Heinrich Gauß (1739 geb.), Gerhard (Gebhard) Dietrich (1744–1808), der Vater von Gauß, und Johann Franz Heinrich Gauß (1749–1783), Maurer in Braunschweig.
3 Gauß wußte offenbar nicht bzw. er wollte es nicht wissen, daß in Braunschweig eine Kusine von ihm (Tochter seines Onkels Johann Franz Heinrich), Johanna Sophia Maria Gauß (1780–1863), mit einer unehelichen Tochter lebte (Mack 1927, Tafel V).
4 In Braunschweig verstand man darunter das Malergewerbe. Gauß' Vater war außerdem auch als Hausschlächter und als Lehmentierer (Maurer) wie zuvor der Großvater Jürgen tätig.
5 Georg Gauß (1769–1854), Gauß' Stiefbruder.
6 Einen anderen Beruf.
7 Als Hilfskraft bei den Braunschweiger Handelsmessen.
8 In Velpke.

2

Zu W. Sartorius von Waltershausen
Göttingen, um 1850
Sartorius 1856, S. 11

Sartorius berichtet nach Erzählungen von Gauß:

In seine [Gauß'] frühste Jugendzeit reichte seine Erinnerung daran zurück, daß er als kleines Kind einst nahe dem Tode gewesen war. Der [...] Wendengraben, an welchem seine Eltern wohnten,[1] [...] war früher ein offener, mit der Oker in Verbindung stehender Kanal, im Frühling mit Wasser reichlich gefüllt. Der kleine, unbe-

1780 aufsichtigt daran spielende Knabe fiel hinein und wurde eben vor dem Ertrinken [...] gerettet.

1 Der Wendengraben in Braunschweig wurde später übermauert. Das Geburtshaus (nachmals Wilhelmstr. 30) wurde im zweiten Weltkrieg zerstört.

3

Zu W. Sartorius von Waltershausen

Göttingen, um 1850

Sartorius 1856, S. 11–12

Sartorius berichtet nach Erzählungen von Gauß:

Schon in seinen ersten Lebensjahren gab Gauß die außerordentlichsten Beweise seiner geistigen Fähigkeiten. Nachdem er den einen oder anderen der Hausbewohner um die Aussprache der Buchstaben gebeten hatte, erlernte er das Lesen von selbst, noch ehe er die Schule besuchte, und zeigte einen so bewunderungswürdigen Sinn für die Auffassung von Zahlenverhältnissen und eine so unglaubliche Leichtigkeit und Sicherheit im Kopfrechnen, daß er dadurch sehr bald die Aufmerksamkeit seiner Eltern und die Teilnahme nahestehender Freunde erregt hat. Er selbst pflegte oft scherzweise zu sagen, er habe früher rechnen als sprechen gelernt.

Gauß' Vater betrieb den Sommer über ein Maurerhandwerk. Am Sonnabend pflegte er für die geschlossene Woche seinen unter ihm arbeitenden Gesellen[1] den Lohn auszuzahlen, bei welcher Gelegenheit jenen, die nach Feierabend gearbeitet hatten, für jede einzelne Stunde ihrer außerordentlichen Beschäftigung eine dem Tageslohn verhältnismäßige Vergütung zugeschrieben wurde. Nachdem der Meister für die verschiedenen Beteiligten seine Rechnung geschlossen hatte und im Begriff war, das Geld zu verabfolgen, erhebt sich der kaum dreijährige Knabe, der unbemerkt den Verhandlungen seines Vaters gefolgt war, von seinem ärmlichen Lager und ruft mit kindlicher Stimme: »Vater, die Rechnung ist falsch, es macht so viel,« indem er eine gewisse Zahl nannte. Die Rechnung wurde darauf mit großer Aufmerksamkeit wiederholt und zum Erstaunen aller Anwesenden genau so gefunden, wie sie von dem Kleinen angegeben war.

1 Diese Schilderung erweckt den Anschein, als sei der Vater von Gauß eine Art Bauunternehmer gewesen. Davon kann keine Rede sein; vgl. Text Nr. 1.

4

Zu W. Sartorius von Waltershausen
Göttingen, um 1850
Sartorius 1856, S. 10

Sartorius berichtet nach Erzählungen von Gauß:

Gauß bewahrte dem engen kleinen Kreis des elterlichen Hauses,[1] worin seine erste Jugend verstrich, bis an sein Lebensende ein Andenken voll rührender Pietät und wandte gern noch im hohen Alter seine Erinnerung auf unzählige kleine charakteristische Züge aus seiner frühsten Kindheit zurück, welche die äußerlich beschränkten, bescheidenen Verhältnisse derselben widerspiegeln und in denen man die wunderbare Begabung des später so großartig entfalteten Geistes schon einzelne Funken sprühen sieht. Er hatte sie treu im Gedächtnis behalten und wußte durch seine heiter gemütliche, lebendige Erzählungsweise, worin bei ihrer Wiederholung nie die kleinste Abweichung vorkam, einen erhöhten, unbeschreiblich lieblichen Reiz ihnen zu verleihen.

1 In Braunschweig, wo er am 30. April 1777 geboren worden war.

5

Zu W. Sartorius von Waltershausen
Göttingen, um 1850
Sartorius 1856, S. 10

Sartorius berichtet nach Erzählungen von Gauß:

[Friedrich Benze, der einzige Bruder der Mutter von Gauß,][1] erlernte Weberei, wobei er es bald, ohne weitere fremde Anleitung, bis zur kunstreichsten Damastweberei brachte und überhaupt einen äußerst intelligenten, geistesscharfen Kopf verriet. Gauß hatte schon als kleiner Knabe großes Wohlgefallen an dem klugen Onkel und fand es später noch mehr, indem er [Benze] zuweilen im Gespräch auf anregend scharfsinnige Materien ihn [Gauß] leitete und dabei seine [Gauß'] ungewöhnlichen Begabungen erkannte. Er [Gauß] beklagte stets seinen frühzeitig erfolgten Tod mit der Äußerung, es sei ein geborenes Genie in ihm verloren gegangen.

1 Friederich Benze (1748 – etwa 1790) in Velpke.

6

Zu W. Sartorius von Waltershausen
Göttingen, um 1850
Sartorius 1856, S. 12–13

Sartorius berichtet nach Erzählungen von Gauß:

Gauß besuchte zuerst 1784, nachdem er sein siebentes Lebensjahr zurückgelegt, die Katharinen-Volksschule, in welcher der erste Elementarunterricht erteilt wurde und die damals unter der Leitung eines gewissen Büttner[1] gestanden hat. [...] In dieser Schule, die noch sehr den Zuschnitt des Mittelalters gehabt zu haben scheint, blieb der junge Gauß zwei Jahre lang, ohne durch etwas außerordentliches aufzufallen. Erst nach jener Zeit brachte es der Gang des Unterrichts mit sich, daß er auch in die Rechenklasse eintrat, in welcher die meisten bis zu ihrer Konfirmation, bis etwa zu ihrem 15. Jahre blieben. Es ereignete sich hier ein Umstand, den wir nicht ganz unbeachtet lassen dürfen, [...] und den er uns in seinem hohen Alter mit großer Freude und Lebhaftigkeit öfter erzählt hat. Das Herkommen brachte es nämlich mit sich, daß der Schüler, welcher zuerst sein Rechenexempel beendigt hatte, die Tafel[2] in die Mitte eines großen Tisches legte; über diese legte der zweite seine Tafel usw. Der junge Gauß war kaum in die Rechenklasse eingetreten, als Büttner die Summation einer arithmetischen Reihe aufgab.[3] Die Aufgabe war indes kaum ausgesprochen, als Gauß die Tafel mit den im niederen Braunschweiger Dialekt gesprochenen Worten auf den Tisch wirft: »Ligget se!« (Da liegt sie.) Während die anderen Schüler emsig weiter rechnen, multiplizieren und addieren, geht Büttner sich seiner Würde bewußt auf und ab, indem er nur von Zeit zu Zeit einen mitleidigen und sarkastischen Blick auf den kleinsten der Schüler wirft, der längst seine Aufgabe beendigt hatte. Dieser saß dagegen ruhig, schon ebenso sehr von dem festen unerschütterlichen Bewußtsein durchdrungen, welches ihn bis zum Ende seiner Tage bei jeder vollendeten Arbeit erfüllte, daß seine Aufgabe richtig gelöst sei und daß das Resultat kein anderes sein könne. Am Ende der Stunde wurden darauf die Rechentafeln umgekehrt; die von Gauß mit einer einzigen Zahl lag oben, und als Büttner das Exempel prüft, wurde das seinige zum Staunen aller Anwesenden als richtig befunden, während viele der übrigen falsch waren und alsbald mit der Karwatsche rektifiziert[4] wurden. Büttner glaubte nun, ein gutes Werk zu tun, eigens aus Hamburg ein neues Rechenbuch zu verschreiben, um damit den jungen bahnbrechenden Geist nach Kräften zu unterstützen; er soll aber einsichtsvoll genug gewesen sein, bald zu erklären, daß Gauß in seiner Schule nichts mehr lernen könne.

1 J. G. Büttner; weitere biographische Daten sind nicht bekannt.
2 Die Schüler schrieben zuerst nicht in Hefte, sondern auf kleine abwischbare Tafeln.
3 Die Aufgabe soll darin bestanden haben, die Zahlen von 1 bis 100 zusammenzuzählen, also 1 + 2 + 3 + ... + 99 + 100. Gauß erkannte, daß 1 + 100 = 101, 2 + 99 = 101, 3 + 98 = 101 usw. und daß es 50 solche Additionen gibt, also nur die von ihm im Kopf durchgeführte Multiplikation 101 · 50 = 5050 vorzunehmen ist. Er hatte also im Alter von neun Jahren die Summenformel der arithmetischen Reihe selbständig gefunden.
4 Unter Prügel berichtigt.

7
Zu W. Sartorius von Waltershausen
Göttingen, um 1850
Sartorius 1856, S. 13–14

Sartorius berichtet nach Erzählungen von Gauß:

Es befand sich damals bei Büttner[1] ein junger Mann namens Bartels[2], dessen Geschäft es war, den kleineren Knaben die Federn zu schneiden und ihnen im Schreiben nachzuhelfen. Da er sich zufälligerweise für mathematische Studien interessierte, so bildete sich bald zwischen ihm und dem zehnjährigen Gauß ein näheres Verhältnis, welches später für die Lebensrichtungen beider von großer Bedeutung geworden ist. Bartels wußte nämlich in jener Zeit einige brauchbare mathematische Bücher anzuschaffen, welche die beiden jungen Leute gemeinsam studierten. Gauß kam dadurch in den Besitz des binomischen Lehrsatzes in voller Allgemeinheit und wurde bald mit der Lehre der unendlichen Reihen bekannt, welche ihm den Weg in die höhere Analysis eröffnete.

Bartels gebührt indes noch das besondere Verdienst, daß er mehrere in Braunschweig hochstehende Personen auf das Genie des jungen Gauß aufmerksam gemacht hat.[3] Wir haben hier zunächst den Geheimen Etatsrat von Zimmermann[4] zu erwähnen, einen Mann von besonderer Einsicht und von liebenswürdigem Charakter, der sehr bald die ungewöhnliche geistige Befähigung des jungen Gauß richtig beurteilte und ein warmes, liebevolles Interesse für ihn gewann, woraus mit den Jahren ein immer näheres, gegenseitig freundschaftliches Verhältnis hervorging, welches, auch brieflich unterhalten, bis an Zimmermanns Tod dauerte. [...]

Außer Zimmermann ist sodann des Geheimen Rats von Feronçe[5] zu gedenken, der in gleicher Richtung wohltätig gewirkt hat. Durch beide Männer wurde zuerst der Herzog Carl Wilhelm Ferdinand[6] auf den jungen Mathematiker aufmerksam gemacht. Bartels blieb fortwährend zu Gauß in der freundschaftlichsten Verbindung [...][7]

1788 Er wurde von Gauß wegen seiner edlen, menschenfreundlichen Gesinnung sehr hoch geschätzt, dankbar als alter Freund bis in die spätesten Zeiten verehrt und von ihm als Mathematiker geachtet.

1 Gauß' Lehrer in der Volksschule; siehe Text Nr. 6, Anm. 1.
2 Martin Bartels war der Sohn eines vermögenslosen Zinngießermeisters am Wendengraben, also ein Nachbarskind Gauß', er erhielt mit 14 Jahren die Stelle eines Helfers des Lehrers Büttner, der in *einer* Klasse an die 100 Kinder zu unterrichten hatte. Nach dem Besuch des Collegium Carolinum sowie der Universitäten Helmstedt und Göttingen war er wiederholt als Mathematiklehrer in der Schweiz tätig. 1799 promovierte er an der Universität Jena in absentia (Biermann 1973a; siehe auch in der Einführung).
3 Diese Behauptung läßt sich so nicht belegen; vgl. Biermann 1975, S. 139–140.
4 E. A. W. von Zimmermann dürfte es in erster Linie zuzuschreiben sein, daß Gauß 1788–1791 das Braunschweiger Gymnasium Catharineum, danach das Collegium Carolinum und schließlich 1795 bis 1798 die Universität Göttingen besuchen konnte. Auch Bartels wurde durch Zimmermann tatkräftig gefördert.
5 Jean-Baptiste Feronçe von Rotenkreutz, Minister in Braunschweig.
6 Der Herzog gewährte u. a. auch Bartels großzügige Stipendien.
7 Weitere hier weggelassene Mitteilungen von Sartorius über Bartels entsprechen nicht durchweg den Tatsachen; siehe dazu Biermann 1973 und Biermann 1975.

8

Zu W. Sartorius von Waltershausen
Göttingen, um 1850
Sartorius 1856, S. 14–15

Sartorius berichtet nach Erzählungen von Gauß:

Nachdem Gauß vier Jahre lang in der Büttnerschen Schule zugebracht und durch Privatstudium sowie durch die Beihilfe einiger älterer Freunde unterstützt, sich in den Anfängen der klassischen Sprachen ausgebildet hatte, kam er fast gegen den Willen seines Vaters im Jahre 1788 auf das Gymnasium [Catharineum]. Seiner vorgerückten Kenntnisse halber wurde er sogleich in die zweite Klasse aufgenommen. Er bemächtigte sich hier mit so unglaublicher Schnelligkeit der alten Sprachen, auf welche damals nur allein Rücksicht genommen wurde, daß er die Bewunderung aller Lehrer und Schüler erregte. Nach zwei Jahren wurde er nach Prima versetzt.

9
An W. A. Eschenburg[1]
Göttingen, 20.8.1849
Mack 1927, S. 62–63

Durch Deinen Brief zur Begrüßung meines Doktorjubiläums[2] hast Du, lieber Eschenburg, mir eine sehr große Freude gemacht. Während die meisten andern bei dieser Veranlassung erhaltenen Zuschriften ihre letzten Wurzeln mehr oder weniger in irgendeinem wissenschaftlichen Verhältnis hatten, gilt Dein Brief nicht dem Astronomen oder Geometer, sondern dem unvergessenen Jugendfreunde. Lebhaft traten mir dabei die Erinnerungen aus der Knaben- und Jünglingszeit wieder entgegen. Von der ersten Zeit an, wo ich als Mitschüler Dich kennenlernte (Oktober 1789),[3] habe ich mich zu Dir hingezogen gefühlt. Es erneuen sich in mir die Bilder unserer Knabenspiele, wenn wir, den ehrlichen Drude[4] in unserer Mitte, jubelnd zum Wendenturm[5] oder Grünen Jäger[6] zogen, [...]

1 Wilhelm Arnold Eschenburg (1778–1861), zuletzt Regierungspräsident in Detmold; ehemaliger Mitschüler und Kommilitone von Gauß.
2 Am 16.7.1849 hatte Gauß sein 50jähriges Doktorjubiläum begangen.
3 Eschenburg war ein Jahr nach Gauß auf das Gymnasium Catharineum in Braunschweig gekommen.
4 Friedrich Ludwig Heimbert Drude (1753–1840), Theologe und Gymnasiallehrer.
5 Gastwirtschaft nördlich von Braunschweig.
6 Waldwirtschaft im Osten von Braunschweig.

10
Zu seiner Mutter Dorothea Gauß
Göttingen, etwa 1790
Ahrens 1926/27, S. 137–138

Ahrens berichtet:

Die Mutter des großen Forschers konnte nicht schreiben und nur gedruckte Schrift lesen, nicht aber geschriebene. [...] es war dies[1] ein Hauptgrund dafür, daß die Mutter noch im Alter ihren langjährigen Wohnort Braunschweig verließ und zu dem Sohn nach Göttingen übersiedelte,[2] wo sie [...] erst im hohen Alter von 96 Jahren gestorben ist. [...]

Man versteht es, daß diese des Schreibens unkundige Frau nicht imstande war, dem heranwachsenden Sohn auf dessen Frage nach seinem Geburtstag eine genaue Antwort zu geben. Nur soviel wußte sie, daß es »der Mittwoch in der Woche vor Himmelfahrt« gewesen war. Hierdurch war, da das Geburtsjahr (1777) feststand, auch der

1790 Geburtstag eindeutig bestimmt. Man brauchte nur das Oster- und das Pfingstdatum und hiernach das Himmelfahrtsdatum zu ermitteln; es ergab sich für dieses der 8. Mai und daraus wieder als der Geburtstag von Carl Friedrich Gauß der 30. April.

Eine besondere Bedeutung erhielt dieses ganze Erlebnis nun dadurch, daß, wie Gauß später selbst erzählt hat, diese Bestimmung seines Geburtstages nach dem Himmelfahrts- bzw. Osterdatum ihm die erste Anregung dafür gab, eine einfache Formel zur Berechnung des Osterdatums zu ersinnen.[3]

1 Die Erschwerung des Nachrichtenaustausches.
2 1817.
3 Die erste Publikation von Gauß zu diesem Thema erfolgte 1800; siehe Gauß 1863/1933, 6, S. 73–79. Zur weiteren Behandlung durch Gauß vgl. Felber 1977.

11

Zu E. A. W. von Zimmermann
Braunschweig, Ende 1790
Poser 1987, S. 66

Zimmermann erinnert sich am 11. 3. 1810:[1]

Ich bin stolz darauf, daß ich, als wir uns zum ersten Male sahen und Sie bei der Ihnen damals vorgelegten Aufgabe aus der Infin[itesimal-]Rechnung sich die Formel selbst schufen, so richtig in Ihnen den seltenen Mann vorhersah, denn damals schrieb ich schon an den unglücklichen Herzog[2], er möge Ihnen auf alle Weise zu Hilfe kommen, ich verspräche ihm (dies sind ipsissima verba[3]) einen Leibniz[4] oder Newton[5].

1 In einem Brief an Gauß.
2 Carl Wilhelm Ferdinand von Braunschweig. »Unglücklich« bezieht sich auf die Niederlage, die Verwundung und den Tod des Herzogs 1806 im Kampf gegen Napoleon.
3 »Die eigensten Worte«, im Sinn von: genau die Worte.
4 Gottfried Wilhelm Leibniz (1646–1716), Philosoph, Mathematiker, Historiker, seit 1676 in Hannover; bahnbrechend auf vielen Wissensgebieten. Schuf unabhängig von Newton die Infinitesimalrechnung. Gründer der Berliner Akademie der Wissenschaften.
5 Isaac Newton (1643–1727), englischer Mathematiker, Physiker und Astronom, grundlegend auf allen Gebieten, die er bearbeitete.

Im Monath May

4 Mstr. Gebhard Diterich Gauß, Bürger
und Gassenschlächter [illegible] seiner Ehefr.
Dorothea geb. Benzen, einen Sohn ge-
zeuget. Dessen Gevattern sind 1, Christ.
Margaretha Friderica Sieversen, 2, H.
Johann Gottlieb Wagenknecht, 3 Monsr.
Georg Carl Ritter. das Kind heißt
Johann Friderich Carl

Geburtshaus von Carl Friedrich Gauß in Braunschweig
(Im zweiten Weltkrieg zerstört)

Kirchenbucheintragung der Geburt von Carl Friedrich Gauß
(Nach Mack 1927, Taf. 10)

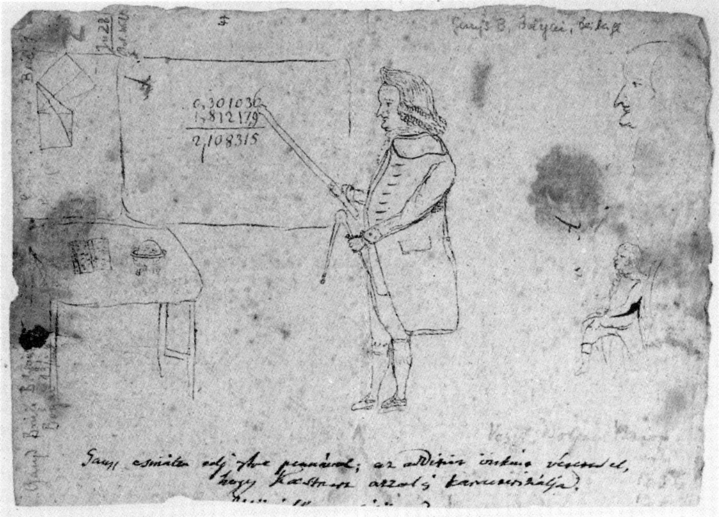

Universität Göttingen, um 1800
Alter Stich

Abraham Gotthelf Kästner (1719–1800), 1795
Karikatur von Carl Friedrich Gauß

QVOD FELIX FAVSTVMQVE
ET REI PVBLICAE LITERARIAE ALMAE IN PRIMIS IVLIAE CAROLINAE
SALVTARE ESSE IVBEAT
DEVS TER OPTIMVS MAXIMVS
AVCTORITATE CAESAREA
AVSPICIIS
SERENISSIMI ATQVE CELSISSIMI PRINCIPIS AC DOMINI
DOMINI

**CAROLI GVILIELMI
FERDINANDI**

BRVNOVICENSIVM AC LVNEBVRGENSIVM DVCIS
ACADEMIAE SVAE RECTORIS ET CANCELLARII MAGNIFICENTISSIMI
DOMINI NOSTRI INDVLGENTISSIMI
PRORECTORE MAGNIFICO

FRIDERICO AVGVSTO WIDEBVRG

PHILOSOPHIAE DOCTORE ET ARTIVM LIBERALIVM MAGISTRO
ELOQVENTIAE AC POESEOS PROFESSORE PVBLICO ORDINARIO
SEMINARII PHILOLOGICO-PAEDAGOGICI ITEMQVE PAEDAGOGII DIRECTORE
SOCIETATIS DVCALIS TEVTONICAE PRAESIDE
EGO

GOTTLOB ERNESTVS SCHVLZE

PHILOSOPHIAE DOCTOR ET LIBERALIVM ARTIVM MAGISTER
SERENISSIMO BRVNOVICENSIVM AC LVNEBVRGENSIVM DVCI A CONSILIIS AVLICIS
LOGICES METAPHYSICORVM ET PHILOSOPHIAE MORALIS PROFESSOR PVBLICVS ORDINARIVS
ORDINIS PHILOSOPHORVM H. A. DECANVS ET BRABEVTA
VIRVM NOBILISSIMVM ET DOCTISSIMVM

CAROLVM FRIDERICVM GAVSS

BRVNOVICENSEM
OB PROBATAM ORDINI PHILOSOPHORVM IN PHILOSOPHIA ET ARTIBVS LIBERALIBVS PERITIAM
ET POST EXHIBITAM DISSERTATIONEM,
DEMONSTRATIONEM NOVAM THEOREMATIS, OMNEM FVNCTIONEM ALGEBRAICAM RATIONALEM INTEGRAM VNIVS
VARIABILIS IN FACTORES REALES PRIMI VEL SECVNDI GRADVS RESOLVI POSSE,
CONTINENTEM

PHILOSOPHIAE DOCTOREM ET LIBERALIVM ARTIVM MAGISTRVM

RITE CREAVI ET RENVNCIAVI
EIQVE OMNIA IVRA HONORES PRIVILEGIA ET PRAEROGATIVAS
QVAE CVM HAC DIGNITATE CONIVNGVNTVR
CONTVLI
ID QVOD PVBLICO HOC DIPLOMATE
SVB SIGILLO ORDINIS PHILOSOPHORVM
TESTOR ET CONFIRMO.

P. P. HELMSTADII IN ACADEMIA IVLIA CAROLINA D. XVI. M. IVLII A. MDCCXCIX.

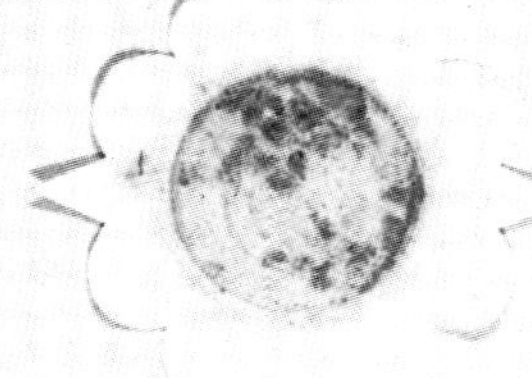

*Doktor-Diplom der Universität Helmstedt
für Carl Friedrich Gauß, 1799*

Braunschweig, vor 1850
(Nach Meyer's Universum, Oktavausgabe, Bd. 2, Hildburghausen 1859, nach S. 88)

Bremen, vor 1850
(Nach Meyer's Universum, Oktavausgabe, Bd. 3, Hildburghausen 1859, nach S. 32)

Braunschweig den 25 November 1804.

Lieber Bolyai! Deinen Brief vom 16 Sept. habe ich zwar schon in der Mitte Octobers erhalten: indessen bin ich nicht ohne Entschuldigung dass ich ihn erst in diesem Monat beantworte. Erstens wirst Du wahrscheinlich aus öffentl. Nachrichten längst wissen, dass Anfangs Sept. d. J. in Lilienthal von Harding, einem sehr lieben persönl. Freunde von mir, ein dritter neuer Planet entdeckt ist, der den Namen Juno erhalten hat. und der mir um so überhäuftere Arbeit macht, da ich nicht nur wie bei der Ceres und Pallas alle Rechnungen darüber allein über mich nehme, sondern ihn auch selbst beobachte so oft das Wetter es nur erlaubt, da ich jetzt sowol mit Instrumenten versehn bin als auch bereits hinlängliche praktische Fertigkeit im Observiren erworben habe. Die Bahn der Juno ist jetzt bereits bis auf unbedeutende Kleinigkeiten bestimmt. Sieh doch ja zu dass Du Zachs Monatliche Correspondenz zu lesen bekommst: du findest dann alle Nachrichten über diese höchst merkwürdige Entdeckung in grösster Ausführlichkeit vom Octoberhefte d. J. an, gesammelt. Die Juno läuft etwas weniges schneller um die Sonne als die Ceres und Pallas, und ihre Bahn ist eine noch etwas eccentrischere Ellipse als die der Pallas. Lege dich doch auch etwas auf die praktische Astronomie, sie ist nach meinem Gefühle, nächst den Freuden des Herzens und der Beschauung der Wahrheit in der reinen Mathesis der süsseste Genuss den wir auf Erden haben können.

Ein zweiter noch wichtigerer Grund aber, warum ich meine Antwort, etwas verschob war, weil ich sie nicht gern eher geben wollte, bis ich Dir etwas von mir erzählen könnte. Das kann ich jetzt, liebster Bolyai. Seit drei Tagen ist der für diese Erde fast zu himmlische Engel meine Braut. Ich bin überschwenglich glücklich. Du wünschest, dass das Gemälde das ich Dir von ihr entwarf getroffen sei. Es ist nicht getroffen es sagt viel zu wenig. Ihr Hauptzug ist eine stille fromme Seele ohne Einen Tropfen Bitterkeit oder Säure O sie ist viel besser als ich. Nur Eine Bedenklichkeit hatte ich. Nicht die Furcht einer abschlägigen Antwort. Nein immer war sie gütig gegen mich. und so sehr ich meiner Fehler mir bewusst alle Hindernisse zu übersteigen. Ich würde dann mit der innigsten Freude Alles thun, um Dein Verdienst gelten zu machen und ins Licht zu stellen, so viel in meinen Kräften steht. Ich komme nun sogleich zur Sache.

Bei allen übrigen Schlüssen finde ich gar nichts wesentliches einzuwenden: was mich nicht überzeugt hat ist blos das Räsonnement im XIII Artikel.

Du denkst dir daselbst eine ins Unbestimmte fortgeführte Linie Π … kdefg … die aus lauter geraden und gleichen Stücken besteht kd, de, ef fg &c und wo die Winkel kde, def, efg &c einander gleich sind, und willst beweisen, dass Π über kurz oder lang nothwendig über kφ hinaus gehen werde. Zu dieser Absicht lässest du die gerade Linie kd∞ (=Q) sich nach der Seite zu wo Π liegt um k herum bewegen, so dass sie nach und nach von einer Seite des Polygons Π zur folgenden kommt. Du zeigst vortrefflich dass Q so wie es stuffenweise durch d, e, f, g &c. geht, jedesmahl näher an kφ kommt: gegen alles dieses lässt sich Nichts einwenden: aber nun fährst Du fort „Quapropter Q moveri potest modo praescripto usque dum in kφ.φ∞ pervenerit" &c. und diese Schlussfolge ist es die mir nicht einleuchtet. Aus deinem Räsonnement folgt noch gar nicht, dass der Winkel, um den Q, beim durchlaufen einer Seite von Π der kφ näher kommt, nicht etwa immer unbedeutender werde, so dass das Aggregat aller successiven Annäherungen, so oft sie auch wiederholt werden, dennoch immer noch nicht gross werden könnte, um Q in kφ zu bringen. Könntest Du beweisen dass dke = ekf = fkg etc. so wäre die Sache gleich aufs Reine. Aber dieser Satz ist zwar wahr, allein schwerlich ohne die Theorie der Parallelen schon vorauszusetzen, strenge zu beweisen. Man könnte also immer noch besorgen, dass die Winkel dke, ekf, fkg &c. successive abnehmen. Geschähe dies (bloss exempli gratia) in einer geometrischen Progression, so dass $ekf = \psi \times dke$, $fkg = \psi \times dke$ &c (so dass ψ kleiner als 1), so würde die Summe aller Annäherungen, so viele male man sie auch fortsetzte, doch immer kleiner als $\frac{1}{1-\psi} \times ekf$ bleiben, und diese Grenze könnte denn immer noch kleiner als der rechte Winkel dkφ sein. Du hast mein aufrichtiges Urtheil verlangt: ich habe es gegeben, und ich wiederhole nochmals die Versicherung, dass es mich innig freuen soll, wenn Du alle Schwierigkeiten überwindest.

Leb wohl lieber Bolyai und erfreue bald wieder mit einem Briefe Deinen treuesten Freund

G..

Brief von Carl Friedrich Gauß an Farkas (Wolfgang) Bolyai (1775–1856) vom 25. 11. 1804, S. 1 und S. 4 (Nach Schmidt 1899, vor S. 79)

Carl Friedrich Gauß, 1828
Lithographie von Siegfried Bendixen (1786–nach 1864)

ERSTER GIPFEL DER KREATIVITÄT: EINE JUGEND IM ZEICHEN DER MATHEMATIK

1791
1800

12

Zu Herzog Carl Wilhelm Ferdinand von Braunschweig
Braunschweig, 1791
Sartorius 1856, S. 15–16

Sartorius berichtet nach Erzählungen von Gauß:

Damals [wohl Ende 1790] wurde der Herzog Carl Wilhelm Ferdinand auf den genialen jungen Mann aufmerksam gemacht.[1] Er verlangte, ihn daher selbst kennenzulernen, und im Jahre 1791 wurde Gauß zum ersten Male bei Hofe vorgestellt.

Während sich die Umgebung des Herzogs an den Rechenkünsten des bescheidenen, etwas schüchternen 14jährigen Knaben ergötzte, verstand der edle Fürst mit feinem Takt, ohne Zweifel im Bewußtsein, einen ganz ungewöhnlichen Geist vor sich zu haben, seine Liebe zu gewinnen, und wußte die Mittel zu gewähren, die für die weitere Ausbildung eines so merkwürdigen Talentes erforderlich waren.

Gauß [...] bezog, vom Herzog unterstützt, [am 18.] Februar 1792 das Collegium Carolinum. Er vervollkommnete sich auf dieser Anstalt noch in den alten Sprachen und erlernte die neueren, auch ist er, aus manchen Äußerungen zu schließen, schon in jenen Jahren mit sehr tiefgreifenden mathematischen Studien beschäftigt gewesen. [...]

Gauß verließ das Collegium Carolinum, um die Universität Göttingen zu beziehen, und reiste am 11. Oktober 1795 von Braunschweig nach Göttingen ab, noch nicht völlig entschlossen, ob er der Philologie oder der Mathematik sein Leben widmen solle.

1 Siehe Text Nr. 11.

13
An H. C. Schumacher
Göttingen, April 1816
Peters 1860/65, 1, S. 125

Haben Sie denn wirklich vergessen, daß das arithmetisch-geometrische Mittel [...] *ganz dasselbe* ist, womit ich mich seit 1791 beschäftigt habe und jetzt einen ziemlichen Quartband darüber schreiben könnte?[1]

1 Von seiner Beschäftigung mit der Lemniskate aus gelangte Gauß zum Zusammenhang zwischen den seit 1797 studierten lemniskatischen Funktionen und dem seit 1791 untersuchten arithmetisch-geometrischen Mittel (agM). Etwa gleichzeitig stellte er die Beziehungen des agM zu den Reihen, deren Exponenten die Quadratzahlen sind, fest. Die Erkenntnis des Zusammenhangs zwischen agM und dem vollständigen elliptischen Integral erster Gattung eröffnete ihm 1799/1800 den Zugang zu der allgemeinen Theorie der elliptischen Funktionen (Biermann 1969a, S. 528).

14
An J. F. Encke[1]
Göttingen, 24. 12. 1849
Gauß 1863/1933, 2, S. 444–445

Sie haben mir meine eigenen Beschäftigungen mit demselben Gegenstande in Erinnerung gebracht,[2] deren erste Anfänge in eine sehr entfernte Zeit fallen, ins Jahr 1792 oder 1793, wo ich mir die Lambertschen[3] Supplemente zu den Logarithmentafeln[4] angeschafft hatte. Es war, noch ehe ich mit feineren Untersuchungen aus der höheren Arithmetik mich befaßt hatte, eines meiner ersten Geschäfte, meine Aufmerksamkeit auf die abnehmende Frequenz der Primzahlen zu richten, zu welchem Zweck ich dieselben in den einzelnen Chiliaden[5] abzählte, und die Resultate [...] verzeichnete. [...] ich habe (da ich zu einer anhaltenden Abzählung der Reihe nach keine Geduld hatte) sehr oft einzelne unbeschäftigte Viertelstunden verwandt, um, bald hie, bald dort, eine Chiliade abzuzählen [...] So sind (nun schon seit vielen Jahren) die drei ersten Millionen abgezählt [...]

1 Johann Franz Encke (1791–1865), Direktor der Berliner Sternwarte, vorher 1816–1825 auf dem Seeberg bei Gotha; Schüler von Gauß.
2 Encke hatte an Gauß Bemerkungen über die Frequenz der Primzahlen gesandt.
3 Johann Heinrich (Jean Henri) Lambert (1728–1777), aus dem Elsaß stammender Mathematiker, Philosoph, Physiker und Astronom, lebte seit 1764 in Berlin.

4 Lambert 1770.

5 Tausendern. – Tatsächlich hat Gauß bereits am 15.12.1791 (und nicht erst 1792 oder 1793), und zwar an Hand von Schulze 1778, mit der Abzählung der Primzahlen begonnen, wie nachgewiesen werden konnte (Biermann 1977b). So fand er auf induktivem Wege 1796 das asymptotische Gesetz der Anzahl der Primzahlen.

15
An H.C. Schumacher
Göttingen, 28.11.1846
Peters 1860/65, 5, S. 246–247

Ich habe kürzlich Veranlassung gehabt, das Werkchen von Lobatschefski[1] (Geometrische Untersuchungen zur Theorie der Parallellinien, Berlin 1840, bei G. Funcke, 4 Bogen stark) wieder durchzusehen. Es enthält die Grundzüge derjenigen Geometrie, die stattfinden müßte und strenge konsequent stattfinden könnte, wenn die Euklidische[2] nicht die wahre ist. Ein gewisser Schweikart[3] nannte eine solche Geometrie Astralgeometrie, Lobatschefski imaginäre Geometrie. Sie wissen, daß ich schon seit 54 Jahren (seit 1792)[4] dieselbe Überzeugung habe (mit einer gewissen späteren Ergänzung, deren ich hier nicht erwähnen will);[5] materiell für mich Neues habe ich also im Lobatschefskischen Werke nicht gefunden, aber die Entwicklung ist auf anderm Wege gemacht, als ich selbst eingeschlagen habe, und zwar von Lobatschefski auf eine meisterhafte Art in echt geometrischem Geiste. Ich glaube, Sie auf das Buch aufmerksam machen zu müssen, welches Ihnen ganz exquisiten Genuß gewähren wird.

1 Nikolaj Ivanovič Lobačevskij.

2 Euklid (Eukleides) (4. Jh. v. u. Z.), griechischer Mathematiker; der »Vater der Geometrie«.

3 Ferdinand Karl Schweikart (1780–1859), Professor der Rechtswissenschaften, entwickelte 1818 in Marburg als Liebhaber der Mathematik Ansätze einer nichteuklidischen Geometrie.

4 Unter den zahlreichen brieflichen Äußerungen von Gauß über sein Nachdenken über die Grundlagen der Geometrie und über die nichteuklidische Geometrie überhaupt ist die hier zitierte die einzige, die ein konkretes Datum für den Beginn nennt. Sie zeigt, daß Gauß wohl kurz nach dem Eintritt in das Collegium Carolinum am 18.2.1792 zu überlegen angefangen hat, wie »eine Geometrie, in der das Parallelenaxiom falsch ist, aussehen müßte« (Reichardt 1976, S. 22).

5 Hierzu siehe Reichardt 1976, S. 77–78.

16

An H. C. Schumacher
Göttingen, 6. 7. 1840
Peters 1860/65, 3, S. 387

Sie wissen, daß ich selbst auf das von mir seit 1794 gebrauchte Verfahren, dem später der Name »Méthode des moindres quarrés«[1] beigelegt ist, niemals großen Wert gelegt habe. Verstehen Sie mich recht: nicht in Beziehung auf den großen Nutzen, den sie leistet, der ist klar genug, aber *danach* taxiere *ich* die Dinge nicht. Sondern deshalb oder insofern legte ich nicht viel Wert darauf, als vom ersten Anfang an der Gedanke mir so natürlich, so äußerst naheliegend schien, daß ich nicht im Geringsten zweifelte, viele Personen, die mit Zahlenrechnung zu verkehren gehabt, müßten von selbst auf einen solchen Kunstgriff gekommen sein und ihn gebraucht haben, ohne deswegen es der Mühe wert zu halten, viel Aufhebens von einer so natürlichen Sache zu machen. Namentlich fiel mir vor allen Tobias Mayer[2] ein, und ich erinnere mich sehr bestimmt, daß ich *oft*, wo ich mit andern von meiner Methode sprach (wie z. B. während meiner Studierzeit 1795–1798 wirklich vielfach geschehen ist) geäußert habe, ich wolle die allergrößte Wette eingehen, daß Tobias Mayer bei seinen Rechnungen dieselbe Methode schon gebraucht habe. Ich weiß nun jetzt [...], daß ich jene Wette *verloren* haben würde.

1 Methode der kleinsten Quadrate zur Ermittlung der günstigsten Werte für die nur mit zufälligen Fehlern behafteten Beobachtungsgrößen. Sie wurde von Gauß als erstem angewandt, publiziert wurde sie zuerst von dem französischen Mathematiker Adrien-Marie Legendre (1752–1833).
2 Tobias Mayer, der Ältere (1723–1762), Professor der Astronomie in Göttingen.

17

An E. A. W. von Zimmermann
Göttingen, 19. 10. 1795
Zimmermann 1921, S. 753–754

Die Aufnahme, die ich zum Teil hier gefunden habe,[1] könnte mich unruhig machen, wenn ich nicht darauf vorbereitet gewesen wäre. Von Heyne[2] glaube ich, gut aufgenommen zu sein; es scheint, als wenn er sich für mich interessiert. Wegen des philologischen[3] Seminarium habe ich bisher noch nicht mit ihm sprechen können. In Kästner[4] glaubte ich anfangs, einen stumpfen Greis zu finden, von dem ich mir keine tätige Unterstützung versprechen könnte. Allein schon jetzt sehe ich, daß ich mich geirrt habe und daß er ein sehr vortrefflicher Mann ist. In Prof. Heeren[5] habe ich einen ungemein liebenswürdigen und gefälligen Mann kennengelernt. Prof. Seyffer[6] ist nach Schwaben verreist; auch der Hofrat Lichtenberg[7] hält sich nicht in Göttingen auf. *1795*

Ich habe die Bibliothek gesehen und ich verspreche mir davon einen nicht geringen Beitrag zu meiner glücklichen Existenz in Göttingen. Ich habe schon mehrere Bände von den Comment[arii] Acad[emiae Scientiarum] Petrop[olitanae][8] im Hause, und eine noch größere Anzahl habe ich durchblättert. Ich kann nicht leugnen, daß es mir sehr unangenehm ist zu finden, daß ich den größten Teil meiner schönen Entdeckungen in der unbestimmten Analytik nur[9] zum zweiten Male gemacht habe. Was mich tröstet, ist dieses: Alle Entdeckungen Eulers, die ich bis jetzt gefunden habe, habe ich auch gemacht, und noch einige mehr. Ich habe einen allgemeinern und, wie ich glaube, natürlichern Gesichtspunkt getroffen; ich sehe noch ein unermeßliches Feld vor mir, und Euler hat seine Entdeckungen in einem Zeitraum von vielen Jahren nach manchen vorhergegangenen *temptaminibus*[10] gemacht.

Den Freitisch habe ich seit einigen Tagen gehabt; das Essen ist leidlich, aber da ich mich anheischig gemacht hatte, Schönhütte[11] mit essen zu lassen, so fallen die Portionen sehr klein aus.

Die Teuerung ist nicht so groß, als ich gefürchtet hatte: Reisekosten, Matrikel, Einrichtung meiner Haushaltung und andere außerordentliche Ausgaben werden mir noch nicht auf 20 R[eichs]t[aler] kommen, und bei einer strengen Ökonomie hoffe ich, mit meinen Einnahmen wohl auskommen zu können.

1 Mit einem Stipendium des Herzogs Carl Wilhelm Ferdinand von Braunschweig in Höhe von jährlich 158 Talern und der Gewährung eines »Freitisches« versehen, hatte sich Gauß vier Tage zuvor, am 15. 10. 1795, in Göttingen immatrikulieren lassen.

2 Christian Gottlob Heyne (1729–1812), Professor der klassischen Philologie in Göttingen. Er war wesentlich daran beteiligt, daß Gauß 1807 einen Ruf nach Göttingen erhielt (vgl. Biermann 1977c).

3 Bei Poser 1987, S. 20, irrtümlich »philosophischen«.

4 Abraham Gotthelf Kästner (1719–1800), Professor der Mathematik in Göttingen. Von Kästners Fähigkeiten als Mathematiker hatte Gauß keine hohe Meinung, hingegen hielt er ihn für geistreich außerhalb der Mathematik.

5 Arnold Heeren (1760–1842), Professor der Geschichtswissenschaft in Göttingen. Auch er war, wie sein Schwiegervater Heyne, später an der Berufung von Gauß nach Göttingen beteiligt.

6 Carl Felix Seyffer (1762–1822), Professor der Astronomie in Göttingen bis 1804, dann in München.

7 Georg Christoph Lichtenberg (1744–1799), Professor der Physik in Göttingen. Bekannt auch als geistreicher Satiriker.

8 Kommentare der Petersburger Akademie der Wissenschaften; eine Schriftenreihe.

9 Bei Poser 1987, S. 20, irrtümlich »nun«. Die richtige Lesung durch Zimmermann 1921 wird durch die bei Poser 1987, S. 21, gegebene Faksimilierung bestätigt. Siehe auch Anm. 3.

10 Versuchen. Gauß schreibt »tentaminibus«.

11 Carl Anton Schönhütte aus Braunschweig wurde am gleichen Tag wie Gauß immatrikuliert. Er war Gauß' Kommilitone schon auf dem Collegium Carolinum und studierte in Göttingen Kameralistik (Finanz-, Wirtschafts- und Verwaltungskunde). Mehr ist über ihn nicht bekannt.

18

An C. L. Gerling
Göttingen, 6. 1. 1819
Schaefer 1927, S. 187–188

Das Geschichtliche jener Entdeckung [der Konstruierbarkeit des regelmäßigen Siebzehnecks mit Zirkel und Lineal sowie des Prinzips der Ermittlung sämtlicher so konstruierbaren Vielecke] ist bisher nirgends von mir öffentlich erwähnt, ich kann es aber sehr genau angeben. Der Tag war der 29. März 1796[1], und der Zufall hatte gar keinen Anteil daran. [...] Durch angestrengtes Nachdenken über den Zusammenhang aller Wurzeln[2] untereinander nach arithmetischen Gründen glückte es mir, bei einem Ferienaufenthalt in Braunschweig am Morgen des gedachten Tages (ehe ich aus dem Bette aufgestanden war), diesen Zusammenhang auf das Klarste anzuschauen, so daß ich die spezielle Anwendung auf das Siebzehneck und die numerische Bestätigung auf der Stelle machen konnte.[3]

1 Zum Datum siehe aber auch Text Nr. 19.

2 Der Gleichung $\frac{x^p - 1}{x - 1} = 0$.

3 Zu dieser epochalen Entdeckung des Neunzehnjährigen, die ihn veranlaßte, sich ganz der Mathematik zu widmen, siehe auch die Einführung und dort die Anm. 21 sowie den Text Nr. 20.

19

An M. G. von Paucker[1]
Göttingen, 2. 1. 1820
Paucker 1819, S. 217

Vielleicht ist es Ihnen nicht uninteressant, wenn ich Ihnen das Datum, wo ich mit dem Wesentlichen der Theorie der Kreisstellung ins Klare kam, anzeige; *es war der 30ste März 1796*[2], so wie ich wenige Tage nachher den ersten Beweis des Fundamentaltheorems, die quadratischen Reste betreffend, zur Vollständigkeit brachte[3], welches Theorem selbst ich im Anfange des Jahres 1795 durch Induktion fand, ohne zu wissen, daß dasselbe in einer andern Form schon von Legendre durch Induktion gefunden war. Dieser Fund war es hauptsächlich, was mich an die höhere Arithmetik[4] zuerst fesselte. Leider lassen mir nur meine Verhältnisse jetzt zur Beschäftigung mit derselben wenig Zeit übrig, und ich muß mich schon glücklich schätzen, wenn ich Muße gewinne, alles das, was ich aus frühern Zeiten noch vorrätig habe, nach und nach auszuarbeiten.

1 Magnus Georg von (1845) Paucker (1787–1855), Mathematikprofessor am Gymnasium in Mitau (Jelgava). Paucker hatte nach der Gaußschen Theorie die Konstruktion des regelmäßigen 17- und des regelmäßigen 257-Ecks praktisch durchgeführt.
2 Vgl. Text Nr. 18.
3 8.4. und 27.6. 1796; Gauß 1985, S. 41, 43, 61, 63, 88, 90.
4 Zahlentheorie.

20

An die Leser der Allgemeinen Literaturzeitung[1]
Braunschweig, vor dem 18.4. 1796
Gauß 1796

Es ist jedem Anfänger der Geometrie bekannt, daß verschiedene ordentliche Vielecke, namentlich Dreieck, Fünfeck, Fünfzehneck und die, welche durch wiederholte Verdopplung der Seitenzahl eines derselben entstehen, sich geometrisch konstruieren lassen. So weit war man schon zu Euklids Zeit, und es scheint, man habe sich seitdem allgemein überredet, daß das Gebiet der Elementargeometrie sich nicht weiter erstrecke; wenigstens kenne ich keinen glücklichen Versuch, ihre Grenzen auf dieser Seite zu erweitern.

Desto mehr dünkt mich, verdient die Entdeckung Aufmerksamkeit, daß außer jenen ordentlichen Vielecken noch eine Menge anderer, z. B. das Siebzehneck, einer geometrischen Konstruktion fähig ist. Diese Entdeckung ist eigentlich ein Corollarium[2] einer noch nicht ganz vollendeten Theorie von größerem Umfang,[3] und sie soll, sobald diese ihre Vollendung erhalten hat, dem Publikum vorgelegt werden.

C. F. Gauß aus Braunschweig
Stud. d. Mathematik zu Göttingen

Es verdient, angemerkt zu werden, daß Hr. Gauß jetzt in seinem achtzehnten[4] Jahre steht und sich hier in Braunschweig mit ebenso glücklichem Erfolg der Philosophie und der klassischen Literatur als der höheren Mathematik gewidmet hat.

Den 18. April 1796 E. A. W. Zimmermann[5], Prof.

1 Gauß 1863/1933, 10.1, S.3 – Siehe hierzu auch die Texte Nr. 18 und 19.
2 Folgerung aus einem zuvor bewiesenen Lehrsatz, für die daher kein besonderer Beweis erforderlich ist.
3 Allgemeine Theorie der Kreisteilung; sie wurde der 7. Abschnitt seiner »Disquisitiones Arithmeticae« (Gauß 1863/1933, 1; deutsch: Gauß 1889).
4 Gauß vollendete am 30. April 1796 sein neunzehntes Lebensjahr; er war also zur Zeit der Entdeckung noch 18 Jahre alt.
5 Im Gegensatz zu Zimmermann brachte Kästner, Gauß' Mathematikprofessor in Göttingen, wenig Verständnis für die Gaußsche Entdekkung auf.

21

Zu W. Sartorius von Waltershausen
Göttingen, um 1850
Sartorius 1856, S. 78

Sartorius berichtet:

Ein anderes Mal äußerte er [Gauß] sich, daß ihm in seiner Jugend die Gedanken in solcher Fülle ununterbrochen zugeströmt seien, daß er ihrer kaum Herr hätte werden[1] und nur einen Teil derselben aufzeichnen können.

1 Einen zweiten Höhepunkt der Kreativität erlebte Gauß ab Frühjahr 1832 bis etwa 1836; siehe Text Nr. 100 und folgende.

22

An F. Bolyai[1]
Braunschweig, 29. 11. 1798
Schmidt 1899, S. 10–12

Dein Brief[2] wurde mir gerade am Abend, dem letzten vorigen Monats, gebracht, als ich mich hingesetzt hatte, um den Feiertag unserer Freundschaft zu begehen;[3] da sitze ich in meinem Lehnstuhl, setze dir Deine Pfeife gestopft hin und träume Dich zu mir herüber mit Deinem schwarzen Jäckchen und mit Deinem schwarzen Casquet[4] und unterhalte mich mit Dir von vergangenen Zeiten [...]

Meine Lage ist noch immer sehr prekär,[5] und wird vielleicht es bleiben bis meine Disquisitiones Analyt[icae][6] vollendet sind. Ich habe den Herzog[7] noch nicht gesprochen [...]

Mit meinem Werke[8] geht es noch sehr langsam; der Drucker ist ein sehr phlegmatischer Mann, bei dem alle Vorstellungen und Bitten wenig helfen [...][9]

In Helmstedt bin ich gewesen und habe da sowohl bei Pfaff[10] als bei dem Aufseher der Bibliothek[11] eine sehr gute Aufnahme gefunden. Pfaff hat meinen Erwartungen entsprochen. Er zeigt das untrügliche Kennzeichen des Genies, eine Materie nicht eher zu verlassen, als bis er sie womöglich ergrübelt hat. Er hat mir mit großer Gefälligkeit den Gebrauch seiner Bibliothek angeboten, und ich werde in einigen Tagen an ihn schreiben, um mir verschiedenes auszubitten. *1799*

Grüße alle meine Bekannten. [...] Und, sobald Du kannst, besuche mich.

1 Bolyai, Gauß' engster Studienfreund in Göttingen, war ein Jahr nach Gauß dort immatrikuliert worden und kehrte ein dreiviertel Jahr nach Gauß' Studienende, und zwar am 5.6.1799, in seine siebenbürgische Heimat zurück.
2 Vom 29.10.1798 aus Göttingen; Schmidt 1899, S. 8–9.
3 Gauß und Bolyai hatten verabredet, am letzten Tage eines jeden Monats beim Rauchen einer Pfeife einander zu gedenken. Vgl. die Einführung.
4 Mütze.
5 Nachdem Gauß nach Beendigung seines Studiums in Göttingen nach Braunschweig am 25.9.1798 zurückgekehrt war, war er mit Ablauf des Stipendiums ohne Einnahmen.
6 Das zahlentheoretische Meisterwerk von Gauß, von dem hier die Rede ist und das seinen Ruhm begründete, erhielt den Titel »Disquisitiones Arithmeticae« (Untersuchungen über höhere Arithmetik); vgl. die Einführung.
7 Herzog Carl Wilhelm Ferdinand von Braunschweig.
8 Siehe Anm. 6.
9 Das Werk (Gauß 1863/1933, 1, S. 1–447; deutsch Gauß 1889) erschien erst im Sommer 1801 in Leipzig bei Gerhard Fleischer.
10 Johann Friedrich Pfaff (1765–1825), Professor der Mathematik an der damaligen Braunschweiger Landesuniversität in Helmstedt; seit 1810 in Halle. Er wurde der Doktorvater von Gauß.
11 Paul Jakob Bruns (1743–1814), Professor der Literaturgeschichte in Helmstedt, seit 1810 in Halle.

23

An F. Bolyai

Braunschweig, 9.1.1799

Schmidt 1899, S. 15–16

In meiner Lage sind seit meinem letzten Brief einige günstige Veränderungen vorgegangen: Ich habe zwar den Herzog[1] noch nicht selbst gesprochen, allein er hat erklärt, daß ich die Summe, die ich in Göttingen genossen habe, auch künftig behalten solle (welche sich auf 158 Taler beläuft jährlich und zu meinen Bedürfnissen jetzt ziemlich hinreichend ist). Er wünscht ferner, daß ich Dr. der Philosophie werde; ich werde es aber so lange aufschieben, bis mein Werk fertig ist,[2] wo ich es[3] hoffentlich ohne Kosten und ohne die gewöhnliche Harlekinerie werde werden können.[4][...]

Mit dem Abdruck meines Buches[5] geht's noch immer langsam; in einigen Tagen erwarte ich die Korrektur [...] des 11ten Bogens, so daß es schwerlich möglich sein wird, auf Ostern 30 oder vielleicht noch mehrere Bogen fertig zu haben. [...] Es ist gewiß, daß das Glück, was die Liebe feiner gestimmter Seelen geben kann, das höchste ist, was einem Sterblichen zuteil werden kann; aber wenn ich mich in die Seele des Mannes setze, der nach einigen zwanzig seligen Jahren nun auf einmal sein alles verliert,[6] so möchte ich behaupten, er sei der unglücklichste Sterbliche und es sei besser, jenes Glück nie gekannt zu haben. So geht's auf dieser elenden Erde, ›auch die reinste Freude findet in dem Schlund der Zeit ihr Grab‹. Was sind wir ohne die Hoffnung einer besseren Zukunft? Laß uns die Freiheit unseres Herzens behaupten, so lange es gehen will, und unser Glück vorzüglich in uns selbst suchen.

1 Siehe Text Nr. 22, Anm. 7.
2 Siehe Text Nr. 22, Anm. 6 und 9. Jedoch promovierte Gauß am 16. 7. 1799 an der Braunschweigischen Landesuniversität Helmstedt, während die Disquisitiones Arithmeticae erst zwei Jahre danach, im Sommer 1801, erschienen.
3 Mit »es« ist das Promovieren gemeint.
4 Bezieht sich auf die öffentliche Disputation der Thesen in lateinischer Sprache. Gauß' Hoffnung erfüllt sich: Er wurde ohne mündliche Prüfung promoviert, und der Herzog übernahm die Kosten, auch die für den Druck der Dissertation (Gauß 1863/1933, 3, S. 1–30) mit einem Beweis des Fundamentalsatzes der Algebra: Jede algebraische Gleichung mindestens ersten Grades besitzt reelle oder komplexe Wurzeln. Gauß vermied dabei die Erwähnung der komplexen Zahlen.
5 Die Disquisitiones Arithmeticae; siehe Anm. 2.
6 Dem Vater seines Freundes Eschenburg (zu diesem Text Nr. 9), Johann Joachim Eschenburg (1743–1820), Professor der Literatur und Philosophie am Collegium Carolinum in Braunschweig, war die Frau gestorben.

24

An C. L. von Lecoq[1]
Braunschweig, 24. 4. 1799
Gerardy 1959a, S. 53–54

Der Erfüllung meines Lieblingswunsches, den ich Ihnen schon hier, da ich die Ehre hatte, Ihre Bekanntschaft zu machen, geäußert habe, nämlich mich eine Zeitlang in Gotha aufhalten zu können, um mich durch den Umgang des Herrn von Zach in allen Teilen der Astronomie, und vorzüglich des praktischen, noch mehr zu vervollkommnen – glaube ich jetzt um einen Schritt näher zu sein, da ich dazu die *Erlaubnis* des Herzogs habe. Es kommt also nun noch darauf an, dem Herrn von Zach die Sache zu eröffnen, womit ich indes warten werde, bis ich auf zwei an ihn geschickte Briefe Antwort bekommen habe. Ich werde dann sehen, ob sein Urteil günstig ist, daß ich (da der Nutzen, den ich von dem Aufenthalte in Gotha haben würde, die Vergütung, die ich bei meinen gegenwärtigen Glücksumständen dagegen machen könnte, weit übertreffen würde) schon jetzt es wagen kann, ihm den Antrag zu machen.[2] – Wahrscheinlich werde ich auch in nicht gar langer Zeit promovieren.[3]

1 Der Generalquartiermeister der an der mit Frankreich vereinbarten Demarkationslinie stehenden preußischen Armee Oberstleutnant Carl Ludwig von Lecoq (1754–1829) befaßte sich mit einer Kartenaufnahme Westfalens. Sein Befehlshaber war der Braunschweiger Herzog (siehe Text Nr. 22), der ihn durch den erst 22jährigen Gauß in astronomischen Fragen brieflich beraten ließ. In seinen Briefen an Lecoq hat Gauß die Projektionsformeln vorweggenommen, die der Astronom Johann von Soldner (1771–1833) in München unabhängig von ihm gefunden und publiziert hat.

2 Gauß' Wunsch, durch von Zach auf dem Seeberg bei Gotha in die praktische Astronomie eingeführt zu werden, sollte sich erst im Spätsommer und Herbst 1803 erfüllen.

3 Siehe Text Nr. 23, Anm. 2.

25
An F. Bolyai

Braunschweig, 17.5.1799

Schmidt 1899, S. 24–25

Ferner schreibst Du, du wollest *dem ungeachtet*[1] mich besuchen, könnest aber höchstens 2 Tage Dich aufhalten, und ich kann ganz deutlich sehen, daß die 2 vorher eine 1 war. Sollte es sich wirklich so verhalten, daß ich mich nicht geirrt hätte, so beschwöre ich Dich, Dich nicht durch eine falsche Delikatesse[2] verleiten zu lassen, mir Deine wahre Lage zu verbergen, und sollten die Kosten, welche Dir diese Reise machen würde, ob sie gleich an sich nicht bedeutend sind, durch die Lage der Umstände noch beitragen können, Dich in Verlegenheit zu setzen, so tue ich Verzicht darauf, Dich noch einmal zu sehen, meintest Du – nein!*) Dies auf keinen Fall; sondern *dann* muß ich darauf dringen, daß Du, wenn Du kommst, entweder den Ersatz der Reisekosten und was ich sonst etwa noch tun kann, von mir annimmst, oder daß Du einen dritten Ort angibst und *genau* die Zeit**), wo wir uns treffen sollen, sei es um Seesen, Goslar, Clausthal oder (ich habe nichts dawider) selbst Nordheim oder Nörten oder welchen Du sonst willst, nur nicht Göttingen, denn incognito müßte es geschehen.[3] Ich will *um Deinetwillen* wünschen, daß Deine Lage nicht so schlimm ist (denn mir ist es eins, wo ich Dich sehe, und zumal da ich fast diesen ganzen Winter gesessen habe, mach

1799 ich mir aus ein[4] 20 Meilen nichts), nur keine Verstellung (denn die würdest Du mir, wenn ich in Deiner Lage wäre, ebenso übel nehmen, als ich Dir). Wir sehen uns also auf jeden Fall; vermutlich möchte es wohl das letztemal diesseits des Grabes sein,[5] und entweder kommst Du sobald als möglich selbst oder gibst Nachricht

Deinem
Gauß

*) Verzeihe mir bei so ernsthaften Dingen diesen kleinen Scherz, der meiner Feder entfloß, da eben die Seite zu Ende war.

**) Nur, in diesem Falle, keine sehr entfernte Zeit, sondern so nahe, als Du denkst, daß ich gleich nach empfangener Nachricht möglich machen kann.

1 Bezieht sich auf Bolyais schlechte Finanzlage, von der er Gauß am 12.5.1799 (Schmidt 1899, S. 23) berichtet hatte. Trotzdem wollte er Gauß noch einmal treffen, bevor er von Göttingen in seine Heimat zurückkehrte.
2 Im Sinne von »Zartgefühl«.
3 Der Grund hierfür ist unbekannt.
4 Im Sinne von »einigen«; etwa 150 km.
5 Die Freunde trafen sich am 25.5.1799 in Clausthal im Oberharz; sie haben sich niemals wiedergesehen.

26
An F. Bolyai
Helmstedt, 16.12.1799
Schmidt 1899, S. 34–38

Du erinnerst Dich, daß ich schon damals, als wir uns in Clausthal zum letzten Male sahen, einen Aufsatz an die philosophische Fakultät zu Helmstedt eingesandt hatte, um damit den Namen eines Doktors zu erwerben. Dieses Geschäft hat seitdem seinen Fortgang gehabt und die Fakultät hat mir diesen Namen am 16. Julius erteilt, ohne mich mit den meisten sonst üblichen Formalitäten zu belästigen.[1] Unser guter Fürst[2] hat die Kosten dazu übernommen. Jene Schrift ist gedruckt und schon im August fertig geworden.[3] [...] Von Privaturteilen, die zu meiner Wissenschaft gekommen sind, ist mir nur vorzüglich das vom General von Tempelhoff[4] in Berlin wichtig und hat mich umso mehr gefreut, da er einer der besten deutschen Mathematiker ist und besonders, da meine Vorwürfe, ihn selbst als den Verfasser eines Kompendiums mit trafen. Aus dritter Hand habe ich erfahren, daß er so darüber geurteilt hat (es sind seine eigenen Worte): »Der Gauß ist ein ganz verzweifelter Mathematiker; er gibt auch nicht eine Handbreit Terrain nach, er hat brav und gut gefochten und das Schlachtfeld vollkommen behauptet.« [...]

Da ich vor der Hand wohl noch nicht bald in die Ketten eines Amts treten werde und in Braunschweig zu meinen Arbeiten zu wenig Hilfsmittel hatte, so faßte ich den Entschluß, mich eine Zeitlang hierher nach Helmstedt zu begeben, wo ich wohl bis Ostern bleiben werde.[5] [...] Ich wohne hier bei dem Professor Pfaff, den ich ebenso sehr als einen trefflichen Geometer, wie als einen guten Menschen und meinen warmen Freund verehre; ein Mann von einem arglosen kindlichen Charakter, ohne alle die Leidenschaften, die den Menschen so sehr entehren und bei Gelehrten so gewöhnlich sind. [...] *1799*

Der letzte Dezember, der wenigstens der letzte Tag sein wird, wo wir *siebzehn*hundert nennen (wenngleich mikrologischere Ausleger das Ende des Jahrhunderts noch ein Jahr weiter hinaussetzen), wird mir besonders heilig sein; merke Dir's doch, daß, wenn wir hier Mitternacht haben, bei Euch Mitternacht schon *eine* Stunde vorbei ist. Bei solchen feierlichen Gelegenheiten gerät mein Geist in eine höhere Stimmung, in eine andere geistige Welt; die Scheidewände des Raumes verschwinden, unsere kotige kleine Welt mit allem, was uns hier so groß dünkt, uns so unglücklich und so glücklich macht, verschwindet, und ein unsterblicher reiner Geist stehe ich vereinigt mit allen den Guten und Edlen, die unsern Planeten zierten und deren Körper Raum oder Zeit von dem meinigen trennten, und genieße das höhere Leben, die bessern Freuden, die ein undurchdringlicher Schleier jetzt bis zu dem entscheidenden Augenblicke unserm Auge verbirgt. [...] Schreib mir, ob und wie lange Du noch im Zölibate zu bleiben denkst;[6] gib mir eine anschauliche Kenntnis von Deiner häuslichen Lebensart – und höre nicht auf zu lieben

Deinen unwandelbaren Freund
C. F. G.

1 Siehe Text Nr. 23, Anm. 4.
2 Herzog Carl Wilhelm Ferdinand von Braunschweig.
3 Gauß 1863/1933, 3, S. 1–30. Die Dissertation erschien zuerst in Helmstedt 1799 bei C. G. Fleckeisen.
4 Georg Friedrich von Tempelhoff (1737–1807), preußischer General und Chef der Artillerie, trat auch als Mathematiker und Kriegshistoriker hervor. – Über die weiteren Personen, denen Gauß seine Dissertation sandte, siehe Biermann 1986, S. 26–33.
5 Dieser Plan wurde verwirklicht. Daß Gauß auch in Helmstedt neue Entdeckungen gelangen, bezeugen die Tagebucheintragungen 101 bis 103 (Gauß 1985, S. 54, 75, 98).
6 Bolyai ging 1802 eine Ehe ein, die ebenso wie eine spätere zweite Ehe unglücklich verlief.

DER JUNGE WISSENSCHAFTLER UND DER GESTIRNTE HIMMEL

1801 / 1817

27

Zu R. Wagner
Göttingen, 23. 12. 1854
Rubner 1975, S. 164

Wagner zitiert eine mündliche Äußerung von Gauß:

Auch in meinem Leben kamen Erfahrungen vor, welche mich oft stutzig machten und mich hinführten auf eine Vorsehung im einzelnen, die Sie annehmen. So z. B. ist es eine solche Führung, die mich zum Astronomen machte, mich hierher führte. Ich sollte nach Petersburg. Da wäre ich reiner Mathematiker geworden.[1] Nun gab mir Zimmermann, der Professor am Carolinum, im Moment seiner Abreise nach Weimar, wohin er versetzt werden sollte[2] und wo er sich persönlich umsehen wollte,[3] die Nummer von Zachs Monatlicher Korrespondenz, wo (1801) die Entdeckung der Ceres von Piazzi berichtet wurde.[4]

1 Mitte Oktober 1801 stand eine Berufung von Gauß nach Petersburg noch gar nicht zur Diskussion, folglich konnte auch keineswegs schon entschieden worden sein, daß er dort als »reiner Mathematiker« tätig werden sollte (Biermann 1977e, S. 147).

2 Zimmermann stand in braunschweigischen Diensten; wenn er diese verlassen wollte, um in Weimar ein Amt zu übernehmen, so kann dieser Vorgang nicht als »Versetzung« bezeichnet werden.

3 Die Anwesenheit Zimmermanns in Weimar ist ab 21. 10. 1801 nachweisbar (Biermann 1977c, S. 146).

4 Siehe die Einführung.

28

An die Petersburger Akademie der Wissenschaften
Braunschweig, 11. 12. 1801
Svjatskij 1934, S. 209

Bei der jetzt allgemein gespannten Aufmerksamkeit aller Astronomen auf die wichtige, zu Anfang des Jahres von Piazzi gemachte

Entdeckung eines neuen Hauptplaneten »Ceres Ferdinandea«[1] schmeichle ich mir, daß die kaiserl[iche] Akademie der Wissenschaften die Freiheit, die ich mir nehme, ihr eine vorläufige kurze Anzeige der letzten Hauptresultate meiner über die Bahn dieses Planeten geführten Rechnungen vorzulegen,[2] gütigst verzeihen werde, umso mehr, da die langen Winternächte zu St. Petersburg und die beträchtliche nördliche Deklination, welche die Ceres jetzt haben muß, hoffen lassen, daß man daselbst die Aufsuchung derselben wenigstens mit ebenso großer, wo nicht mit größerer Erwartung eines glücklichen Erfolgs unternehmen könne, als in unsern Gegenden, wo seit einem Monat der Himmel ununterbrochen bedeckt gewesen ist. Ich darf mich begnügen, nur die notwendigsten Resultate aufzuführen, da eine ausführliche Nachricht von meinen Rechnungen in des H[errn] v. Zach Monatl[icher] Corresp[ondenz] im Dezemberstück bereits abgedruckt ist,[3] und von den dabei gebrauchten Methoden habe ich vielleicht in Zukunft die Ehre, der kaiserl[ichen] Akademie eine vollständige Darstellung vorzulegen.

1 Bei dem von Piazzi am 1. 1. 1801 auf der Sternwarte zu Palermo entdeckten und von ihm zu Ehren Ferdinands I. (1751–1825), Königs »beider Sizilien«, mit »Ceres Ferdinandea« bezeichneten Asteroiden handelte es sich nicht, wie zunächst angenommen, um einen »Hauptplaneten«, sondern um den zuerst aufgefundenen Kleinen Planeten.

2 Über die Vorgeschichte und den weiteren Verlauf der durch Zimmermann bereits am 16. 2. 1799 angebahnten Beziehungen Gauß' zur Petersburger Akademie berichtet Ožigova 1976.

3 Gauß 1863/1933, 6, S. 199–204.

29

An N. Fuß[1]

Braunschweig, 20. 5. 1802

Svjatskij 1934, S. 213

Den innigsten Dank statte ich der kaiserl[ichen] Akademie der Wissenschaften für die mir erwiesene Ehrenbezeugung[2] und Ihnen, verehrungswürdigster Herr Etatsrat, für Ihr verbindliches Schreiben vom 14. Februar und für Ihre gütige Bemühung ab.

Ich schmeichle mir, daß eine vorläufige Nachricht von den Resultaten meiner bisherigen Untersuchungen über die von Dr. Olbers jüngst entdeckte Pallas[3] der kaiserl[ichen] Akademie nicht unangenehm sein werde, zumal da nach allem, was sich aus den bisherigen Beob[achtungen] schließen läßt, die Entdeckung der Pallas noch wichtiger ist als die der Ceres, oder vielmehr beide Entdeckungen einander wechselseitig heben und vereinigt die wichtigsten und unerwartetsten Aufschlüsse versprechen.

Ich muß zum voraus bemerken, daß die Methode, welcher ich mich vor ½ Jahr bei der Ceres und gegenwärtig bei der Pallas bedient habe, gar nichts Hypothetisches enthält, sondern die Bestimmung der vollständigen Elemente als ein mathematisches Problem behandelt und daher die wahre Bahn so genau liefern muß, als es die Natur der Sache und die Schärfe der Beobachtungen zulassen.

1 Nikolaus (Nikolaj Ivanovič) Fuß (1755–1826), aus der Schweiz stammender Mathematiker; Ständiger Sekretär der Petersburger Akademie der Wissenschaften.
2 Die Petersburger Akademie hatte Gauß am 12.2.1802 (n. St.) zum Korrespondierenden Mitglied gewählt. Es war dies die erste akademische Ehrung Gauß' überhaupt.
3 Am 28.3.1802 in Bremen.

30
An W. Olbers
Braunschweig, 26.10.1802
Schilling 1900/09, 1, S. 105–106

Gegen das Dozieren habe ich einmal eine wahre Abneigung; das perennierende[1] Geschäft eines Professors der Mathematik ist doch im Grunde nur, das ABC seiner Wissenschaft zu lehren; aus den wenigen Schülern, die einen Schritt weitergehen und gewöhnlich, um in der Metapher[2] zu bleiben, beim Zusammenlesen bleiben, werden die meisten nur Halbwisser, denn die selteneren Anlagen wollen sich nicht durch Vorlesungen bilden lassen, sondern bilden sich selbst. Und mit diesen undankbaren Aufgaben verliert der Professor seine edle Zeit. Ich habe es bei meinem vortrefflichen Freunde Pfaff gesehen, bei dem ich einmal ein paar Monate war,[3] wie wenig fragmentarische Stunden er zu eigenen Arbeiten übrig hat von den *publicis, privatis, privatissimis*,[4] den Vorbereitungen dazu und anderen mit dem Amte eines Professors verbundenen Beschäftigungen. Die Erfahrung scheint dies auch zu bestätigen. Ich weiß keinen Professor, der wirklich *viel* für die Wissenschaft getan hätte, als den großen Tobias Mayer, und dieser galt zu seiner Zeit für einen schlechten Professor. Ebenso, wie unser Freund Zach es öfters angemerkt hat, in unseren Tagen sind diejenigen, die das Beste für die Astronomie tun, nicht die besoldeten Universitätslehrer, sondern sogenannte Dilettanten, Ärzte, Juristen etc.[5]

Und bei dieser Ansicht, wenn die Farben vielleicht auch etwas zu dunkel sein sollten, würde auch ich unendlich lieber das letztere sein als das erstere, wenn ich nur unter beiden die Wahl hätte. Ich würde mit tausend Freuden ein ungelehrtes Amt annehmen, zu dem Arbeitsamkeit, Akkuratesse, Treue und dergleichen ohne Fakultätskenntnisse hinreichend sind und das nicht Rang oder Einfluß, sondern nur eine gemächliche Lage und hinreichende Muße gäbe, um meinen Göttern opfern zu können.

So hoffe ich, z. B. die Redaktion der Volkszählungen, Geburts- und Sterbelisten in hiesigen Landen zu bekommen, nicht als Amt, sondern zu meinem Vergnügen und zur Satisfaktion, mich für die Vorteile, die ich hier genieße, einigermaßen nützlich zu machen.

1 Dauernde.
2 Hier: »im Bild«.
3 Vgl. Text Nr. 26.
4 Man unterschied folgende Vorlesungsarten: Collegia publica (unentgeltlich), collegia privata (gegen Honorar), collegia privatissima (gegen Honorar im engsten Kreis).
5 Autodidakten als Astronomen waren z. B. Olbers (Arzt), Bessel (Kaufmann), Schumacher (Jurist).

31
An F. T. Schubert[1]

Braunschweig, 20. 1. 1803

Idel'son 1948, S. 809–810

Nicht genug kann ich Ihnen, mein teuerster, verehrungswürdigster Freund, für Ihr Schreiben vom 14. Nov. danken. Ich fühle ganz und lebhaft, wie glücklich ich sein würde, an Ihrer Seite mein Leben zuzubringen, und wieviel ich verliere, daß mir unter *den jetzigen Umständen* dieses Glück nicht zuteil werden kann. Empfangen Sie jetzt meine aufrichtige Erklärung in dieser Angelegenheit,[2] wobei Sie sich so warm interessiert haben, und fahren Sie fort, mir Ihr Wohlwollen und das Zutrauen der [Petersburger] Akademie zu erhalten.

Von jeher hatte ich eine besondere Vorliebe für Petersburg, für den Ort, den Eulers Manen[3] heiligen; lange schon habe ich eine große Neigung zur praktischen Astronomie; was konnte mir also erwünschter sein, als der ehrenvolle Ruf, dessen mich die Akademie wert gehalten hat? Zwar hatte man mir eine übertriebne Vorstellung von der dortigen Teurung gemacht, aber Ihre Versicherung hat mich vollkommen darüber beruhigt; Habsucht ist kein Zug meines Charakters, und ich bin gewiß, daß ich wegen der Bedingungen sehr leicht mit der Akademie würde übereingekommen sein, zumal den öffentlichen Nachrichten zufolge die kaiserl[iche] Bestätigung des neuen Etats, wozu ich von Herzen Glück wünsche, bereits erfolgt ist. Die Aussicht, mein bester Freund, in Ihrer Nähe und in Ihrem Umgange zu leben, mußte vollends eine solche Lage mir äußerst wünschenswert machen. Allein, *unter den gegenwärtigen Konjunkturen* ist es mir nicht vergönnt, auf diese Art glücklich zu

1803 sein. Meine hiesigen Verhältnisse werden Ihnen zum Teil bekannt sein. Unser großmütiger Fürst,[4] dem ich *alles* zu danken habe, hat einmal eine Vorliebe dafür gefaßt, mich hier zu behalten; bei den Pflichten, die ich gegen diesen vortrefflichen Regenten habe, würde sein bloßer Wille hinreichendes Motiv sein, ihm nicht zuwider zu handeln, und er hat aus freien Stücken mir diese Pflicht durch eine abermalige ansehnliche Verbesserung meiner Lage noch heiliger gemacht. Sie sehen hieraus, teurer Freund, daß es nicht in meiner Macht steht, jetzt über mich zu disponieren. Aber ich wiederhole meine Bitte, erhalten Sie mir Ihre Freundschaft, erhalten Sie mir das Vertrauen der Akademie und ihre Überzeugung, daß ich dasselbe von ganzer Seele zu schätzen weiß, und es mein eifrigstes Bestreben sein lassen werde, mich desselben immer würdiger zu machen.[5]

1 Friedrich Theodor (Fedor Ivanovič) Schubert (Šubert) (1758 bis 1825), Astronom in Petersburg, Mitglied der dortigen Akademie.
2 Gauß war am 5.9.1802 durch Fuß ein Ruf an die Petersburger Akademie übermittelt worden, nachdem Zimmermann eine hervorragende Beurteilung abgegeben hatte, und Schubert hatte versucht, die Gaußschen Bedenken zu zerstreuen.
3 Bei den Römern die Seelen der Toten: Euler war 1783 in Petersburg gestorben.
4 Herzog Carl Wilhelm Ferdinand von Braunschweig.
5 Olbers, den Gauß informierte, begann nun, für ihn eine Stellung in Deutschland zu suchen. 1807 hatten seine Bemühungen in Göttingen Erfolg, nachdem Gauß noch einmal einen Versuch unternommen hatte, eine Stelle in Petersburg zu erhalten: Text Nr. 38.

32
An W. Olbers
Braunschweig, 1.3.1803
Schering 1887, S. 22

Ich bin dagegen [gegen die geographische Ortsbestimmung mittels magnetischer Beobachtungen] etwas mißtrauisch, obgleich ich glaube, daß über die magnetische Kraft der Erde noch viel zu entdecken sein möchte und daß sich hier noch ein größeres Feld für Anwendung der Mathematik finden wird, als man bisher davon kultiviert hat.[1]

1 Ein Beweis für das früh geweckte Interesse von Gauß an der Erforschung des Geomagnetismus, dem er sich später (1832) zuwandte.

33
An F. Bolyai
Braunschweig, 20. 6. 1803
Schmidt 1899, S. 55

Die Vokation[1] nach St. Petersburg hat mich nicht von hier weggezogen; unser Herzog[2] ließ mich nicht fort und hat mir meine hiesige Lage noch angenehmer gemacht.[3] Ich habe sogar Hoffnung zu einer kleinen hiesigen Sternwarte – falls nicht der leidige Krieg von neuem unsere Projekte hemmt.[4] Astronomie und reine Größenlehre sind einmal die magnetischen Pole, nach denen sich mein Geisteskompaß immer wendet.

1 Berufung. – Vgl. Text Nr. 31.
2 Carl Wilhelm Ferdinand von Braunschweig.
3 Gauß waren zunächst aus Petersburg 1000 Rubel jährlich angeboten worden. Daraufhin erhöhte der Braunschweiger Herzog sein Stipendium auf 600 Taler pro Jahr.
4 Diese Sorge von Gauß war berechtigt; die Sternwarte, obgleich bereits entworfen (siehe Michling 1966), konnte nicht errichtet werden.

34
An F. Bolyai
Braunschweig, 28. 6. 1804
Schmidt 1899, S. 61–62

Einen Monat bin ich in Bremen und Lilienthal bei Olbers, einem der allerliebenswürdigsten Menschen, die ich kenne, und Schröter[1], und vier Monate bin ich in Gotha[2] gewesen. Auch hier hat sich der Kreis meiner Bekannt- und Freundschaften sehr erweitert. Die schönste aber ist die eines herrlichen Mädchens[3], ganz so, wie ich mir immer eine Gefährtin meines Lebens gewünscht habe. Ein wunderschönes Madonnengesicht, ein Spiegel des Seelenfriedens und der Gesundheit, zärtliche, etwas schwärmerische Augen, ein tadelloser Wuchs, das ist etwas, ein heller Verstand und eine gebildete Sprache, das ist auch etwas, *aber nun eine stille, heitre, bescheidne, keusche Engelsseele, die keinem Wesen wehe tun kann, die ist das Beste.* Koketterie und Sucht zu glänzen sind ihr fremd. Aber dann erst werde ich meinen Empfindungen für dies holde Geschöpf den Zügel schießen lassen, wenn ich Hoffnung sehe, daß ich sie ganz so glücklich machen kann, als sie es verdient. Ein einseitiges Glück ist gar keines. [...]

Ich kenne sie schon seit einem Jahre[4]. Ich bin zwar gleich das erste Mal, da ich sie sah, von ihren stillen Tugenden frappiert, habe sie aber immer ganz kühl von weitem beobachtet und erst seit kurzem[5] mich ihr mehr genähert. Meine Überzeugung von der Vortrefflichkeit ihres Herzens ist nicht das Resultat der Verblendung der Leidenschaft, sondern der unbefangensten Beobachtung.

1 Im vorhergehenden Jahr 1803 war Gauß vom 24.6. bis zum 6.7. zu Besuch bei Olbers in Bremen und hatte bei dieser Gelegenheit auch die leistungsfähige Sternwarte besucht, die der Liebhaberastronom Johann Hieronymus Schröter (1745–1816) im benachbarten Moordorf Lilienthal unterhielt. Der Oberamtmann Schröter, von Hause aus Jurist, ist durch zahlreiche astronomische Beiträge, u.a. zur Mondforschung, bekannt geworden und stellte 1806 Bessel als Observator ein.

2 Bei von Zach, wo Gauß' alter Wunsch nach Unterweisung in der praktischen Astronomie (vgl. Text Nr. 24) erfüllt wurde.

3 Johanna Osthoff, seine künftige Frau.

4 Seit dem 27.7.1803; siehe die Einführung.

5 Im April 1804. – Siehe auch Text Nr. 35.

35
An Johanna Osthoff
Braunschweig, 12.7.1804

Hänselmann 1878, S.68–70

Nehmen Sie es gut auf, sehr teure Freundin, daß ich über die wichtige Angelegenheit schriftlich mein Herz vor Ihnen ausschütte, über welche es mündlich zu tun, ich bisher keine schickliche Gelegenheit gefunden habe.

Lassen Sie es mich endlich einmal Ihnen aus der Fülle meines Herzens sagen, daß ich ein Herz für Ihre stillen Engelstugenden, ein Auge für die edlen Züge habe, die Ihr Angesicht zu einem treuen Spiegel Ihrer Tugenden machen. Sie, gute, bescheidene Seele, sind so fern von aller Eitelkeit, daß Sie Ihren eigenen Wert selbst nicht ganz kennen. Sie wissen es selbst nicht, wie reich und gütig Sie der Himmel ausgestattet hat. Aber mein Herz kennt Ihren Wert – ach! mehr, als mit meiner Ruhe bestehen kann.

Längst gehört es Ihnen. Werden Sie es nicht zurückstoßen? Können Sie mir das Ihrige geben? Können Sie, Teure, die dargebotene Hand annehmen, gern annehmen? An der Antwort auf diese Frage hängt mein Glück. Ich kann Ihnen zwar jetzt nicht Reichtum, nicht Glanz anbieten. Doch Ihnen, Gute – ich kann mich in Ihrer schönen Seele nicht geirrt haben –, sind ja Reichtum und Glanz ebenso gleichgültig wie mir. Aber ich habe mehr, als ich für mich allein brauche, genug, um zweien genügsamen Menschen ein sorgenfreies, anständiges Leben zu bereiten, meiner Aussichten in die Zukunft gar nicht einmal zu gedenken. Das Beste, was ich Ihnen anbieten kann, ist ein treues Herz voll der innigsten Liebe für Sie. Prüfen Sie, geliebte Freundin, sich selbst, ob dies Herz Ihnen ganz genügt, ob Sie seine Empfindungen ebenso aufrichtig erwidern, ob Sie die

Lebensreise, Hand in Hand mit mir, mit Wohlgefallen machen können, und entscheiden Sie bald. Ich habe, Beste, die Wünsche meines Herzens in kunstlosen, aber aufrichtigen Worten vorgestellt. Ich hätte es so leicht in ganz anderen tun können. Ich könnte Ihnen ein Gemälde von Ihren Reizen machen, das Sie, wenn es weiter nichts als Wahrheit wäre, als Schmeichelei würden aufgenommen haben; mit brennenden Farben könnte ich Ihnen ein Bild von meiner Liebe machen – ich dürfte ja nur meiner Empfindung das Reden erlauben –, ein Gemälde von der Seligkeit oder Trostlosigkeit, die mich erwarten, je nachdem Sie meine Wünsche erhören oder verwerfen. Aber ich habe das nicht gewollt. Verkennen Sie daran wenigstens die Reinheit meiner nichtselbstsüchtigen Liebe nicht – ich will Ihren Beschluß nicht bestechen. In der ernstesten Angelegenheit Ihres Lebens müssen Sie sich durch gar keine fremden Rücksichten bestimmen lassen. Sie sollen nicht meinem Glück ein Opfer bringen. Ihr eigenes Glück allein muß Ihre Entscheidung leiten. Ja, Teuerste, so innig ich Sie auch liebe, so kann doch Ihr Besitz nur dann mich glücklich machen, wenn Sie es mit mir zugleich sind.

Ich habe Ihnen, Geliebte, das Innere meines Herzens aufgedeckt: sehnsuchtsvoll harre ich Ihrer Entscheidung entgegen.[1]

Von ganzem Herzen

Der Ihrige
C. F. Gauß

1 Die Verlobung erfolgte am 22. 11. 1804, siehe Text Nr. 36. Daß Gauß in diesem Sommer einen Ruf an die damalige Universität in Landshut ausschlug, dürfte seinen Grund auch darin gehabt haben, daß Gauß seiner künftigen Frau keine Übersiedlung nach Süddeutschland zumuten zu können glaubte.

36

An F. Bolyai

Braunschweig, 25. 11. 1804

Schmidt 1899, S. 79–81

Seit drei Tagen ist der für diese Erde fast zu himmlische Engel[1] meine Braut. Ich bin überschwenglich glücklich. Du wünschest, daß das Gemälde, das ich Dir von ihr entwarf, getroffen sei. Es ist *nicht* getroffen, es sagt viel zu wenig. Ihr Hauptzug ist eine stille, fromme Seele ohne Einen Tropfen Bitterkeit oder Säure. Oh, sie ist viel besser als ich. [...] Das Leben steht wie ein ewiger Frühling mit neuen glänzenden Farben vor mir; [...] Oh, nie hatte ich dieses Glück gehofft; ich bin nicht schön, nicht galant, ich habe nichts anzubieten als ein redliches Herz voll treuer Liebe; ich verzweifelte, je Liebe zu finden. [...]

1805 Jeder neue Tag gibt mir neue Bürgschaften für mein Glück, neue Beweise, wie sehr die gute, reine Seele mich liebt. Konnte noch etwas mein Glück vermehren, so war es die Entdeckung, daß sie mich schon längst geliebt hat, ja früher als ich sie. Unsere Bekanntschaft im Sommer 1803 umfaßte nur einen Zeitraum von wenigen Wochen (da ich bald darauf nach Gotha abreiste)[2] und wurde erst im April dieses Jahres erneuert. [...] Umsonst habe ich mich daher so oft bemüht, ausfindig zu machen, an welchem Tage es gewesen sei, da ich sie zum ersten Male sah; welche angenehme Überraschung für mich, daß sie selbst mir diesen und jeden folgenden Tag, da ich sie gesehen, anzugeben wußte.

1 Johanna Osthoff. Vgl. auch die Texte 34 und 35.
2 Siehe Text 34, Anm. 2.

37
An W. Olbers
Braunschweig, 3.9.1805
Schilling 1900/09, 1, S. 268–269

Sie erinnern sich [...] vielleicht zu gleicher Zeit meiner Klagen über einen Satz, der [...] alle meine Bemühungen, einen genügenden Beweis zu finden, vereitelt hatte. [...] seit 4 Jahren wird selten eine Woche hingegangen sein, wo ich nicht einen oder den andern vergeblichen Versuch, diesen Knoten[1] zu lösen, gemacht hätte – besonders lebhaft nun auch wieder in der letzten Zeit. Aber alles Brüten, alles Suchen ist umsonst gewesen, traurig habe ich jedesmal die Feder wieder niederlegen müssen. Endlich vor ein paar Tagen[2] ist's gelungen, aber nicht meinem mühsamen Suchen, sondern bloß durch die Gnade Gottes, möchte ich sagen. Wie der Blitz einschlägt, hat sich das Rätsel gelöst; ich selbst wäre nicht im Stande, den leitenden Faden zwischen dem, was ich vorher wußte, dem, womit ich die letzten Versuche gemacht hatte, und dem, wodurch es gelang, nachzuweisen. Sonderbar genug erscheint die Lösung des Rätsels jetzt leichter, als manches andere, was mich wohl nicht so viele Tage aufgehalten hat, [...] und gewiß wird niemand, wenn ich diese Materie einst vortrage, von der langen Klemme, worin es mich gesetzt hat, eine Ahnung bekommen.

1 Vorzeichenbestimmung der Gaußschen Summen; vgl. Gauß 1863/1933, 1, S. 442–443, und 2, S. 16, 156; Gauß S. 467.
2 Am 30.8.1805 (Gauß 1985, S. 57, 78, 100).

38
An N. Fuß
Braunschweig, 20. 10. 1806
Svjatskij 1934, S. 226–227

Immer pflegten Sie, verehrungswürdigster Freund, eine wenn auch nur kurze Anzeige von Resultaten meiner astronomischen Arbeiten mit Güte aufzunehmen; ich hoffe, daß dies auch bei gegenwärtiger Kleinigkeit der Fall sein wird. Es betrifft die Berichtigung der Bahn des Hardingschen Planeten[1] nach den in diesem Jahre angestellten Beobachtungen. [...] Jetzt, verehrungswürdigster Freund, ist der Zeitpunkt gekommen, wo ich Sie an das erinnern muß, was Sie mir vor nicht gar langer Zeit schrieben: »Sollten je Umstände eintreten, die Ihnen eine Wiederholung meiner ehemaligen Anträge unter Bedingungen, wie sie durch das neue Reglement und den neuen Etat der Akademie möglich geworden sind, wünschenswert machten, so vergessen Sie nicht, daß Sie Freunde in Petersburg haben, die nur einen Wink erwarten, um ihre ehemaligen Vorschläge zu erneuern.«

Ihre seitdem mehr als einmal wiederholten Versicherungen von der Fortdauer Ihres Wohlwollens haben mich darüber beruhigt, daß meine bisherigen Verhältnisse mir nicht erlaubten, Herr über meine Handlungen zu sein.[2] Sie wissen, daß bloß dieser Umstand mich abgehalten hat, eine mir jederzeit sehr wünschenswerte Lage anzunehmen, wo ich mich vollkommener auf meinem Platz gefühlt haben würde als hier. Unser edler Fürst[3] hat allerdings alles getan, um mir meine hiesige Lage so teuer zu machen, als es nur möglich ist. Selbst der Bau einer Sternwarte war schon so gut als beschlossen, als dieser unselige Krieg auf einmal die Lage aller Sachen änderte. [...] Mir selbst würde es also jetzt lieber als je sein, in P[etersburg] ein Asyl zu finden.[4]

1 Harding hatte in Lilienthal (siehe Text Nr. 34, Anm. 1) am 1. 9. 1804 den Kleinen Planeten Juno entdeckt.
2 Siehe Text Nr. 31.
3 Der Herzog Carl Wilhelm Ferdinand von Braunschweig. Er war am 14. Oktober 1806 bei Auerstedt als Befehlshaber der preußischen Truppen vernichtend von Napoleon geschlagen und schwer verwundet worden. Er starb am 10. November, aber bereits jetzt sah Gauß, daß er keine Zukunftsaussichten in Braunschweig mehr hatte.
4 Fuß war bereit, ein zweites Mal einen Ruf nach Petersburg zu veranlassen, forderte aber zuvor am 11. 12. 1806 eine bindende Zusage. Ehe sich Gauß dazu verstand, erging der Ruf der Universität Göttingen an ihn, den er annahm. Gauß hat sich dadurch aus der Affäre gezogen, daß er am 10. 10. 1807 seinem Freund Bartels, der auf dem Wege nach Kazań war, einen Brief nach Petersburg mit der Schutzbehauptung mitgab, er habe auf den oben wiedergegebenen Brief vom 20. 10. 1806 keine Antwort erhalten (Svjatskij 1934, S. 229).

39

An Sophie Germain

Braunschweig, 30.4.1807

Stupuy 1896, S. 275–276[1]

Der Geschmack an den abstrakten Wissenschaften im allgemeinen und im besonderen an den Geheimnissen der Zahlen ist äußerst selten, darüber braucht man sich nicht zu wundern: Die reizenden Zauber dieser erhabenen Wissenschaft enthüllen sich in ihrer ganzen Schönheit nur denen, die den Mut haben, sie gründlich zu untersuchen. Wenn aber eine Person weiblichen Geschlechts[2], die infolge unserer Sitten und unserer Vorurteile auf unendlich viel mehr Hindernisse und Schwierigkeiten stoßen muß als die Männer, um sich mit ihrer heiklen Erforschung vertraut zu machen, dennoch versteht, diese Hürden zu überwinden und in die verborgensten Geheimnisse einzudringen, dann muß sie ohne Zweifel edelsten Mut, ganz außergewöhnliches Talent, überlegenen Geist besitzen. In der Tat, nichts konnte mir auf angenehmere und unzweideutigere Art beweisen, daß die Reize dieser Wissenschaft, die mein Leben mit so vielen Genüssen verschönt haben, nicht eingebildet sind, als die Vorliebe, mit der Sie sie beehrt haben.

1 Hier aus dem Französischen übersetzt. KRB.

2 Gauß schrieb das, nachdem er erfahren hatte, daß sein Briefpartner in Wahrheit eine Frau war.

40

An Sophie Germain

Göttingen, 19.1.1808

Stupuy 1896, S. 284[1]

Wie glücklich mich meine arithmetischen Beschäftigungen in einer Zeit machen, in der ich um mich herum nur Unglück und Verzweiflung sehe![2] Nur die Wissenschaften, der Schoß der Familie und die Korrespondenz mit seinen lieben Freunden sind es, in denen man sich entschädigen und von der allgemeinen Trübsal erholen kann.

1 Hier aus dem Französischen übersetzt. KRB.

2 Gauß scheute sich also nicht, seine Korrespondentin in Frankreich deutlich auf die Folgen der französischen Fremdherrschaft hinzuweisen.

41
An Gebhard und Dorothea Gauß
Göttingen, 29. 2. 1808
Mack 1927, S. 28

Liebste Eltern!

Vor allen Dingen muß ich Ihnen die erfreuliche Nachricht melden, daß meine liebe Frau[1] heute morgen um 6 Uhr von einem gesunden Mädchen[2] glücklich entbunden ist. Meine Frau befindet sich den Umständen nach wohl. Das Mädchen ist zwar nicht so zart und hübsch, wie der Joseph[3] gleich anfangs war, aber sehr wohlgestaltet und gesund und stark. Das Kamisölchen[4], was Joseph bis zu einem halben Jahre trug, paßt ihm süperbe, und die schönen Mützchen, die meine Frau für es gestrickt hat und hat stricken lassen, sind alle zu klein. Der Himmel gebe sein weiteres Gedeihen. Das arme Kind ist zu bedauern, daß es grade am Schalttage die Welt erblickt und also nur alle 4 Jahr einen Geburtstag zu feiern hat. [...]

Gestern ist hier die feierliche Huldigung gewesen.[5]

Für diesmal muß ich eilig schließen. Leben Sie wohl und erinnern Sie sich

Ihres ergebensten Sohnes C. F. Gauß

1 Johanna Gauß.
2 Wilhelmine (Minna) Gauß.
3 Minnas 1 1/2 Jahre älterer Bruder.
4 Jäckchen.
5 Für Jérôme Bonaparte, der am 1. 12. 1807 von seinem Bruder Napoleon das für ihn neu geschaffene Königreich Westfalen, zu dem auch Göttingen gehörte, erhalten hatte. – Gauß war am 21. 11. 1807 nach Annahme des Rufes an die Universität Göttingen als Professor der Astronomie und Direktor der Sternwarte dorthin übergesiedelt.

42
An F. C. Perthes[1]
Göttingen, 17. 3. 1808
Mollenhauer 1905, S. 27

Ich lege auf die Korrektheit dieses Werkes[2], das mir mehrere Jahre hindurch viele Arbeit gemacht hat und, wenn ich mich nicht täusche, auch noch nach Jahrhunderten studiert werden soll,[3] einen solchen Wert, daß ich gern zufrieden bin, daß Sie mir die [... Porto-] Auslagen in Rechnung bringen, wenn ich vor wie nach alle Bogen selbst erst revidieren[4] kann.

1 Friedrich Christoph Perthes (1772–1843), bedeutender Buchhändler und Verleger in Hamburg, nach 1821 in Gotha. Unterstützte den nationalen Befreiungskampf gegen Napoleon.

2 Das auf Wunsch des Verlegers in lateinischer Sprache geschriebene astronomische Hauptwerk von Gauß (Gauß 1863/1933, 7, S. 1–288); siehe die Einführung.

3 Diese von Selbstbewußtsein getragene Prophezeiung hat sich erfüllt: Das Werk wurde in vier Sprachen übersetzt; der bisher letzte Nachdruck erfolgte 1968.

4 Gauß wollte das Korrekturlesen nicht einem Hauskorrektor überlassen, sondern alles selbst kontrollieren.

43
An F. Bolyai
Göttingen, 20. 5. 1808

Schmidt 1899, S. 90–91

Meine Lage in Braunschweig hatte ich von jeher nur als eine interimistische betrachtet, die sich über kurz oder lang verändern müßte. Daß aber solche Katastrophen mich von da so bald wegtreiben würden, ahndete ich freilich nicht. Du kennst die unglückliche Geschichte des Herbstes 1806[1]. Wenige Tage vorher noch im Genuß von allen Segnungen des Friedens, sahen wir auf einmal unsere Fluren zum Schauplatze des Krieges werden, sahen wir unsern geliebten Fürsten tötlich verwundet, kaum ein paar Tage Ruhe in seinem Lande findend, den Verfolgungen der Feinde fliehend, um bald in fremder Erde eine Ruhestatt zu finden.[2]

Nie habe ich lebendiger gefühlt, wie nichtig alles hienieden ist, daß nur die Aussicht in eine höhere Existenz die grellen Mißtöne des Erdenlebens in Harmonie auflösen kann, als in jenen schrecklichen Tagen, wo wir Zeuge von dem unglücklichen Ende eines der edelsten Menschen waren!

Tausende verloren in diesem Wechsel der Dinge sogleich *alles*; mir persönlich wurden aber die Folgen nicht gleich sehr fühlbar. Auch geschahen mir von mehreren Orten her Anträge, die mich über die Besorgnisse wegsetzten. Ich nahm den Ruf nach Göttingen als Professor Astronomiae und erster Direktor der Sternwarte an (mein Kollege ist Harding, Entdecker der Juno, mit dem ich auf sehr gutem Fuße lebe)[3] und bin seit einem halben Jahre hier.

Ich hoffe, hier ganz glücklich zu leben. Der König[4] hat Hoffnung gegeben, daß der Bau der neuen Sternwarte, der schon 1803 anfing, fortgesetzt werden soll, dann bleibt mir wenig zu wünschen übrig. Auch die äußern Verhältnisse sind ganz gut: ich bin mit 1000 Reichstalern angestellt, auf Nebenverdienst durch Kollegia kann ich freilich wenig rechnen, zumal jetzt, wo sozusagen ganz Europa zur Bettlerin geworden ist.

In meinem Hause lebe ich sehr glücklich. Seit 9. Oktober 1805 bin ich verheiratet, wie ich Dir geschrieben habe; seit 21. August

1806 Vater eines allerliebsten Jungen Joseph und seit 29. Februar 1808 Vater eines Mädchens Wilhelmine. Von dem Mädchen läßt sich, da es noch so jung ist, wenig sagen, als daß es sehr gesund ist; bei dem Jungen aber entwickeln sich die Talente zusehends, er ist der Liebling aller Menschen, die ihn kennen. Ein Geometer sitzt schwerlich in ihm, er ist zu wild, zu lustig, möchte ich sagen. [...]

Über die Planeten wirst Du vieles in einem großen Werke von mir finden, das schon gedruckt wird: Theoria motus Corporum coelestium circa Solem revolventium.[5]

1 Siehe Text Nr. 38, Anm. 3.
2 Der Braunschweiger Herzog Carl Wilhelm Ferdinand war am 10. 11. 1806 in Ottensen bei Altona seinen bei Auerstedt empfangenen Verwundungen erlegen.
3 Später kam es zu erheblichen Spannungen zwischen Gauß und Harding.
4 Jérôme Bonaparte.
5 Theorie der Bewegung der Himmelskörper, welche [in Kegelschnitten] die Sonne umlaufen; vgl. Text Nr. 42.

44

An K. Köppe[1]

Göttingen, 25. 8. 1808

Mack 1927, S. 32–33

Zürnen Sie nicht etwas auf mich, lieber Köppe, daß ich eine so lange Zeit habe verstreichen lassen, ehe ich Ihnen einmal seit meiner Entfernung von Braunschweig Nachricht von mir gegeben habe? Ich muß wohl beichten, daß Sie einige Ursache dazu hätten, mich über meine Nachlässigkeit etwas zu schelten. Die fatale Gewohnheit des Aufschiebens, die freilich wohl eine gewisse Art von Trägheit zum Grunde hat, läßt mich öfters in Saumseligkeit auch in meiner liebsten Korrespondenz fallen, und ich mache mir selbst Gewissensbisse darüber. Endlich indes muß ich einmal eilen, einen mir so werten Umgang auch in der Ferne wieder anzuknüpfen. Daß es uns im Ganzen hier recht wohl geht, werden Sie aus den Briefen meiner Frau an Ihre Frau Gemahlin wissen.[2] Die Kinder werden alle Tage größer, lernen laufen und plappern, wie das so gewöhnlich auch in Braunschweig geht. Der Junge[3] hat ein glückliches Temperament, also die festeste Basis, um an dem Leben auf diesem unruhigen und mitunter gar erbärmlichen Planeten Geschmack zu finden; von dem Mädchen[4] läßt sich noch eben nichts sagen, als daß es guten Appetit hat und sehr gesund ist. Meine äußere Lage ist freilich ansehnlich vorteilhafter, als sie in Braunschweig war, ohne daß ich doch eigentlich viel davon hätte, da auch manche Bedürfnisse ver-

1808 größert sind, und manche in sehr großem Verhältnisse. Im vorigen Winter wurden wir wohl etwas hart mitgenommen, auch haben die neuen Einrichtungen manchen bleibenden Verlust mit sich geführt, wenn indes künftig alles seinen ruhigen Gang geht, so läßt sich manches verschmerzen. Der König[5] hat der Universität seine besondere Protektion versichert, und in Rücksicht meiner habe ich nach den Versprechungen des Studiendirektors von Müller[6] viele Hoffnung, daß der Bau der neuen Sternwarte wieder anfangen wird. So lange indes Old-England nicht wieder offen ist, wird auch die neue Sternwarte nicht viel mehr für mich sein, als eine bequemere Wohnung.[7] Mit dem hier herrschenden Ton im allgemeinen ist mancher nicht zufrieden; die Weiber kommen oft zusammen, aber die Männer isolieren sich im ganzen sehr. Gesellschaften werden durchgehends nur zu Tee und Karten gegeben; freundschaftliche Soupers sind nicht üblich, woran gegenwärtig wohl auch die große Teuerung aller Bedürfnisse, besonders der Kolonialwaren und des Weins, mit schuld sein mag.

Sonst sind die Umgebungen von Göttingen äußerst reizend, besonders in etwas größern Entfernungen. Ganz kleine Kinder sind nur bei dem Genuß derselben ein Hindernis; einen ganzen Tag oder länger davon wegzubleiben, kann oder will meine Frau nicht, und sie samt der alten Sybille[8] mitzunehmen, hat auch gar zu viel Lästiges und Unangenehmes. Auf diese Weise haben wir bisher nur erst *eine* größere Exkursion zusammen gemacht. [...]

Vergessen Sie nicht, darauf zu denken, daß wir noch wenigstens alle Jahre einige so vergnügte Tage miteinander zubringen, wie z. B. vor 4 Jahren beim Entenschmaus auf dem Grünen Jäger.[9]

Stets Ihr ganz eigner C. F. Gauß

1 Karl Köppe (1772–1837), Kaufmann in Braunschweig, Dorothea Köppe (siehe die Einführung), die Freundin von Gauß' Frau Johanna, war seine zweite Frau.
2 Mack 1927, S. 21 ff.
3 Joseph Gauß.
4 Minna Gauß.
5 Jérôme Bonaparte.
6 Johannes von Müller.
7 Die instrumentelle Ausrüstung der neuen Sternwarte wollte Gauß aus England beziehen. Das war wegen der von Napoleon verfügten Absperrung Englands vom europäischen Markt (»Kontinentalsperre«) nicht möglich.
8 Eine aus Braunschweig mitgebrachte Kinderfrau.
9 Siehe Text Nr. 9, Anm. 6.

45
An F. Bolyai
Göttingen, 2.9.1808
Schmidt 1899, S. 93–94

Glücklich fließen die Tage in dem einförmigen Gange des häuslichen Lebens; wenn das Mädchen einen neuen Zahn kriegt oder der Junge ein paar neue Wörter gelernt hat, so ist das fast ebenso wichtig, als wenn ein neuer Stern oder eine neue Wahrheit entdeckt ist. Meine beiden Kinder[1] gedeihen nach Wunsch [...] Meine wissenschaftlichen Beschäftigungen gehen ihren Gang fort; der Druck meines astronomischen Werks, in welchem alles, was sich auf ihre [der Himmelskörper] Bewegung bezieht, vollständig abgehandelt wird, ist über die Hälfte vollendet.[2] Meine fortgesetzten Untersuchungen aus der höhern Arithmetik [sollen] vielleicht in Zukunft einmal zu einem 2ten Bande meiner Disquis[itiones] Arithm[eticae] gesammelt werden können.[3] [...]

Macht Dir das Nachforschen der Wahrheit noch *ebenso* viel Freude wie sonst? Wahrlich, es ist nicht das Wissen, sondern das Lernen, nicht das Besitzen, sondern das Erwerben, nicht das Da-Sein, sondern das Hinkommen, was den größten Genuß gewährt. Wenn ich eine Sache ganz ins Klare gebracht und erschöpft habe, so wende ich mich davon weg, um wieder ins Dunkle zu gehen; so sonderbar ist der nimmersatte Mensch: hat er ein Gebäude vollendet, so ist es nicht, um darin zu wohnen, sondern um ein andres anzufangen. So, stelle ich mir vor, muß einem Welteroberer zu Mute sein, der, nachdem ein Königreich kaum bezwungen ist, schon wieder nach andern seine Arme ausstreckt.

1 Joseph und Minna Gauß.
2 Siehe Text Nr. 42. Das Werk erschien 1809.
3 Diese Absicht wurde so nicht verwirklicht. In Gauß 1889 finden sich jedoch die kleineren einschlägigen Abhandlungen mit den Disquisitiones Arithmeticae vereinigt.

46
An J. von Müller
Göttingen, 21.10.1808
Gundelfinger 1906, S. 4–5

Ein wichtigerer Grund[1] indes, der mich zu diesem Wunsche [der Befreiung von einer Antrittsrede in lateinischer Sprache] veranlaßt, ist der Umstand, daß ich seit *langer* Zeit *ganz* aus der Übung gekommen, in der Sprache der alten Römer über etwas anderes als streng wissenschaftliche Gegenstände zu schreiben, jener nicht mehr mächtig genug bin, um den Forderungen Genüge zu leisten, die

1808 man an den macht, der als Redner auftritt. Ich schmeichle mir, daß Eure Excellenz dieses freimütige Geständnis meiner Schwäche in Ansehung einer Fertigkeit nachsichtsvoll aufnehmen werden, die von dem Gegenstande meiner Beschäftigungen so sehr weit entfernt liegt, von der Gebrauch zu machen, ich sonst nie Veranlassung habe, und welche mir zu erwerben, ich eine Zeit hätte aufopfern müssen, die ich zweckmäßiger an andere Beschäftigungen wenden zu können geglaubt hatte. – So gern man allgemein wichtige und interessante Wahrheiten in den klassischen Tönen Latiums aus dem Munde eines Heyne[2] hört und sich dadurch erwärmt fühlt, so wenig, deucht mich, können solche Zwecke erreicht werden, wenn der Zuhörer stets bemerken muß, daß Mangel an Gewandtheit in der Sprache dem Gedanken Fesseln angelegt hat. Wenn also selbst die Abfassung einer schlechten Rede mich einen großen Aufwand von meiner Zeit kosten würde, von der ich alle Mußestunden auf wissenschaftliche Arbeiten zu verwenden gewohnt bin, so hoffe ich umso eher, daß Eure Excellenz mich davon freisprechen werden [...]

1 Als der, daß Gauß bereits im dritten Semester im Amt war und ihm somit die Bezeichnung »Antrittsrede« unpassend erschien.
2 Christian Gottlob Heyne; siehe Text Nr. 17.

47
An F. W. Bessel
Göttingen, 4. 12. 1808
Auwers 1880, S. 97

Ich bin Ihnen, lieber Bessel[1], auf mehrere Ihrer angenehmen Briefe noch die Antwort schuldig geblieben; entschuldigen Sie diese mit meinen zersplitternden Geschäften und mit dem Mangel an interessanten Mitteilungen. Zu jenen gehören besonders meine [astronomischen] Vorlesungen, die ich in diesem Winter zum ersten Male [2] halte und die mich eben deswegen jetzt viel mehr Zeit kosten, als mir lieb ist. Ich hoffe indes, daß das zweite Mal dieser Zeitaufwand viel geringer sein werde, sonst würde ich mich damit nie aussöhnen können.

Wie sehr wünsche ich, daß Sie in Düsseldorf in eine Lage kommen, wo Sie bloß für wissenschaftliche Arbeiten leben können[3], denn auch selbst solche praktischen Arbeiten müssen doch weit mehr Satisfaktion gewähren, als wenn man ein paar mittelmäßige Köpfe mehr bis zum B bringt, die sonst beim A stehengeblieben wären!

1 Gauß und Bessel hatten sich am 28.6.1807 bei Olbers in Bremen persönlich kennengelernt.

2 Im Sommersemester 1808 hatte sich nur ein einziger Hörer gemeldet, während sich für das Wintersemester die Mindestzahl von 3 Hörern eingeschrieben hatte. Der Text der astronomischen Antrittsvorlesung vom 7.11.1808: Gauß 1863/1933, 12, S. 177–199.

3 Aus dieser Absicht wurde nichts; Bessel folgte vielmehr 1810 dem Ruf Wilhelm von Humboldts, die Leitung einer neu zu errichtenden Sternwarte im damaligen Königsberg zu übernehmen.

48

An K. Köppe
Göttingen, 2.9.1809
Mack 1927, S. 46

Ich hatte diesen Sommer einen Ruf nach Dorpat, den ich aber nicht angenommen habe.[1] Teils scheute ich das Klima, teils waren auch einige andere Punkte, womit ich nicht recht zufrieden war, denn sonst könnte die stiefväterliche Behandlung der Universität [Göttingen], die Opfer, die wir haben bringen müssen und der prekäre und unordentliche Zustand aller Zahlungen (aller 2 Monate erhalten wir einen [Abschlag], manchmal in preußisch Kurant,[2] ausgezahlt, so daß wir jetzt über 5 Monate im Rückstande sind) mich wohl bewogen haben, ihn anzunehmen. Doch hat man schon wieder eine andre Unterhandlung von einem andern Orte her mit mir angeknüpft,[3] die vielleicht zu bessern Resultaten führt.

1 Die beiden Hauptpunkte, die Gauß zur Ablehnung des Rufes nach Dorpat (Tartu) veranlaßten, waren, daß ein Anspruch auf eine Witwenpension erst nach fünf Dienstjahren bestehen sollte und daß er sowohl reine und angewandte Mathematik als auch Astronomie lehren sollte, also weniger Zeit als bisher der Forschung widmen könnte. Gauß' Ablehnung vom 20.8.1809: Meder 1928/29 (und öfter).

2 Umlaufendes Geld, im Wert gegenüber dem sogenannten Bankgeld gemindert.

3 Es handelt sich um einen Ruf nach Leipzig, den Gauß ebenfalls ablehnte.

49

Totenklage um seine Frau Johanna
Bremen[1], um den 20. und am 25.10.1809
Mack 1927, S. 16–17

Siehst Du, geliebter Schatten, meine Tränen? Du kanntest ja, so lange ich Dich die Meine nannte, keinen Schmerz als den meinigen und brauchtest zu Deinem Glücke nichts, als nur mich froh zu sehen! Selige Tage! Ich armer Tor konnte ein solches Glück für ewig halten, konnte wähnen, Du einst verkörperter und jetzt wieder neu

1809 verklärter Engel seist bestimmt, mein ganzes Leben hindurch alle die kleinlichen Bürden des Lebens mir tragen zu helfen? Womit hatte ich denn Dich verdient? Du bedurftest nicht des Erdenlebens, um besser zu werden. Du tratest nur ein ins Leben, um uns vorzuleuchten. Ach, ich war der Glückliche, dessen dunkle Pfade der Unerforschliche von Deiner Gegenwart, von Deiner Liebe, von Deiner zärtlichsten und reinsten Liebe, erhellen ließ. Durfte ich Dich für meinesgleichen halten? Teures Wesen, Du wußtest selbst nicht, wie einzig Du warst. Mit der Sanftmut eines Engels ertrugst Du meine Fehler. Oh, wenn es den Seligen vergönnt ist, noch unsichtbar uns armen im Lebensdunkel Irrenden nahe zu sein, verlaß mich nicht. Kann Deine Liebe vergänglich sein? Kannst Du sie dem Armen, dessen höchstes Gut sie war, entziehen? Oh Du Beste, bleib meinem Geiste nahe. Laß Deine selige Seelenruhe, die Dir den Abschied von Deinen Lieben tragen half, sich mir mitteilen; hilf mir, Deiner immer würdiger zu sein! Ach, was kann den teuren Pfändern unsrer Liebe Dich, Deine mütterliche Sorge, was Dein Vorbild ersetzen, wenn Du mich nicht stärkst und veredelst, für sie zu leben und in meinem Schmerze nicht zu versinken!

25. Okt. Einsam schleiche ich unter den fröhlichen Menschen, die mich hier umgeben. Machen sie mich meinen Schmerz auf Augenblicke vergessen, so kommt er nachher mit verdoppelter Stärke zurück. Ich tauge nicht unter eure frohen Gesichter. Ich könnte hart gegen euch werden, was ihr nicht verdient. Selbst der heitere Himmel macht mich nur trauriger. Jetzt hättest Du, Teure, nun Dein Lager verlassen, jetzt wandeltest Du an meinem Arme, unsern Liebling an der Hand, und freutest Dich Deiner Genesung und unsers Glücks, das wir jeder im Spiegel der Augen des andern läsen. Wir träumten von einer schönen Zukunft. Ein neidischer Dämon – nein, kein neidischer Dämon, der Unerforschliche hat es nicht gewollt. Du Selige schauest nun schon die dunkeln Zwecke, die durch die Zertrümmerung meines Glücks erreicht werden sollen, in Klarheit an. Ist es Dir denn nicht vergönnt, dem Verlassenen einige Tropfen Trost und Resignation ins Herz zu flößen? Du warst ja schon im Leben so überreich an beiden. Du hattest mich so lieb. Du wolltest so gern bei mir bleiben. Ich sollte mich doch nicht zu sehr dem Gram überlassen, waren beinahe Deine letzten Worte. Ach, wie fange ich es an, ihm zu entgehen? Ach, erbitte Dir von dem Ewigen – könnte er Dir alles abschlagen? – nur das Einzige, daß Deine unendliche Seelengüte mir stets recht lebendig vorschwebe, damit ich, so gut ich armer Erdensohn kann, Dir nachstrebe.

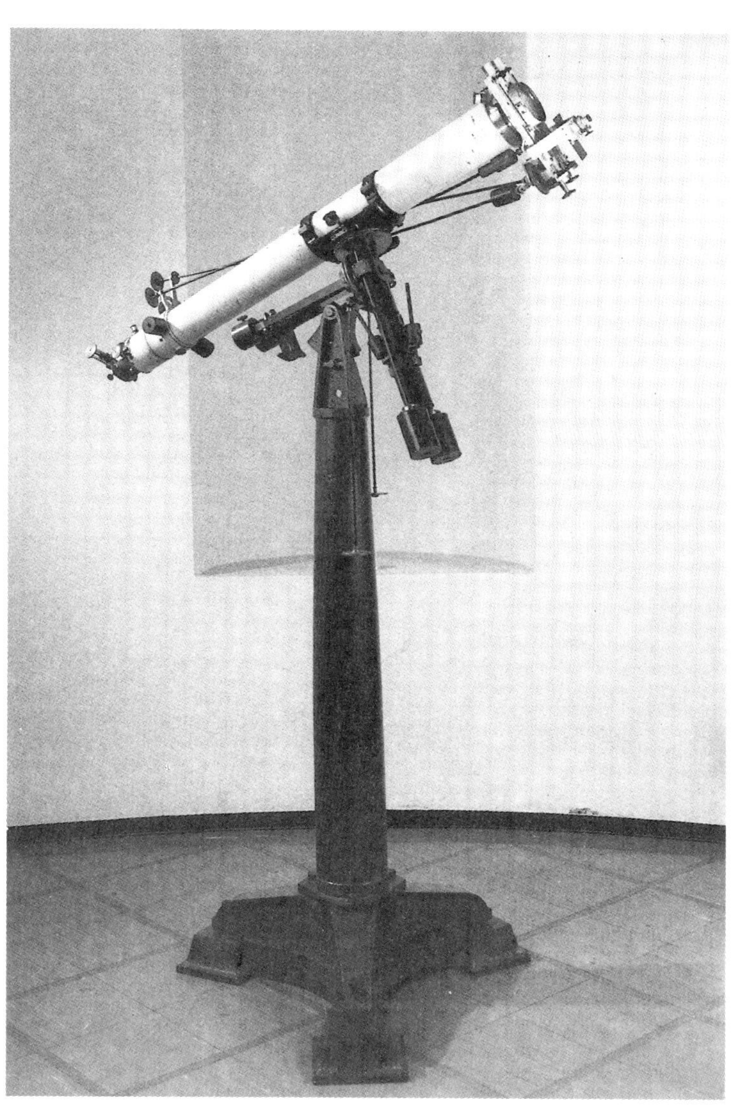

Das Gaußsche Heliometer, 1814

Carl Friedrich Gauß
auf der Terrasse der neuen Sternwarte Göttingen, um 1850
Lithographie von Eduard Ritmüller (1805–1869)

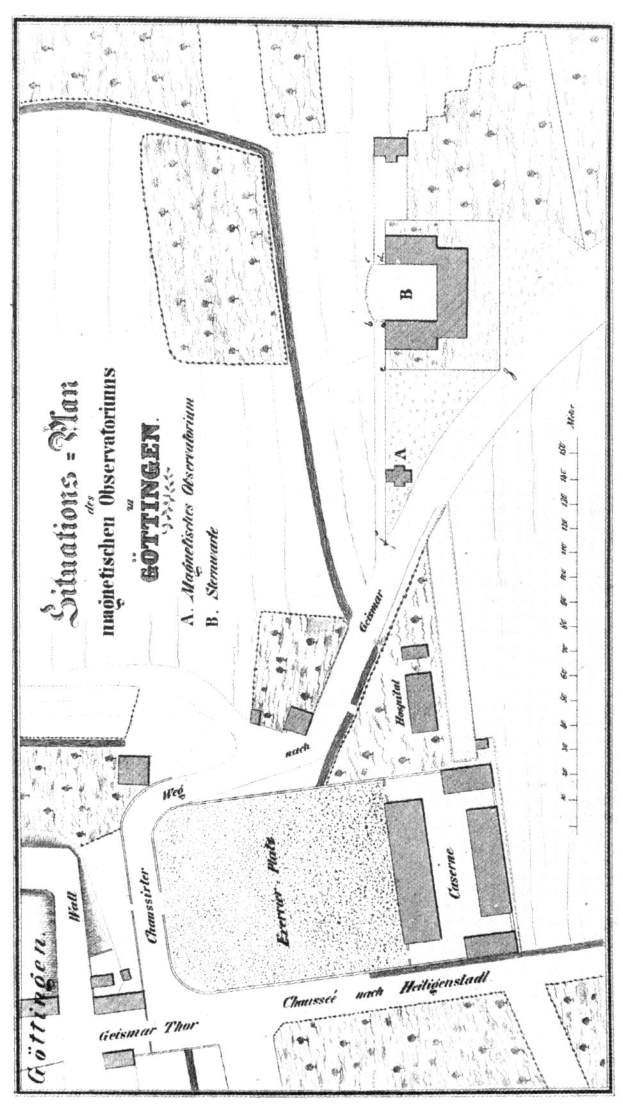

Lageplan der Göttinger Sternwarte
mit Magnetischem Observatorium, 1837

DISQVISITIONES

ARITHMETICAE

AVCTORE

D. CAROLO FRIDERICO GAVSS

LIPSIAE

IN COMMISSIS APVD GERH. FLEISCHER, Jun.

1801.

Titelblatt des zahlentheoretischen Hauptwerks von Carl Friedrich Gauß, 1801

THEORIA

MOTVS CORPORVM

COELESTIVM

IN

SECTIONIBVS CONICIS SOLEM AMBIENTIVM

AVCTORE

CAROLO FRIDERICO GAVSS

HAMBVRGI SVMTIBVS FRID. PERTHES ET I. H. BESSER
1809.

Venditur

PARISIIS ap. Treuttel & Würtz. LONDINI ap. R. H. Evans.
STOCKHOLMIAE ap. A. Wiborg. PETROPOLI ap. Klostermann.
MADRITI ap. Sancha. FLORENTIAE ap. Molini, Landi & C°
AMSTELODAMI in libraria: Kunst- und Industrie-Comptoir, dicta.

Titelblatt des astronomischen Hauptwerks von Carl Friedrich Gauß, 1809

Elektromagnetischer Telegraph von Gauß und Weber.
Auf der Weltausstellung 1873 in Wien gezeigte Ausführung

Stadtplan von Göttingen mit Telegraphenleitung, 1833

Das Meridianzeichen
südlich von Göttingen im Friedländer Gemeindeforst
(Foto: Horst Michling)

1 Gauß war nach der Beisetzung seiner Frau Johanna (am 14. 10. 1809; sie war einen Monat nach der Geburt ihres dritten Kindes Ludwig gestorben) nach Bremen gereist, um bei seinem Freund Olbers Tröstung zu suchen.

50
An F. W. Bessel
Göttingen, 7. 1. 1810
Auwers 1880, S. 107

Meine Gemütsverfassung ist jetzt so weit wiederhergestellt,[1] daß ich zu Geistesarbeiten wieder *fähig* bin, aber die Lust daran fehlt. Ich arbeite bloß, um Beschäftigung zu haben, und fühle weder etwas Satisfaktion, wenn mir etwas gelingt, noch sonderliches Mißvergnügen beim Gegenteil. Ich habe ein paar wichtige neue Handhaben an einem Teile der höheren Arithmetik, der mich schon lange beschäftigt hatte, gefunden. Das mechanische Rechnen ist mir noch sehr zuwider, doch habe ich seit ein paar Tagen angefangen, die Prager Pallas-Beobachtungen von 1808 vorzunehmen, sie sind aber *sehr schlecht.* Beobachtungen habe ich seit meiner Zurückkunft noch gar nicht machen können. Ich lese in diesem Winter zwei Kollegia für drei Zuhörer, wovon einer nur mittelmäßig, einer kaum mittelmäßig vorbereitet ist, und dem dritten sowohl Vorbereitung als Fähigkeit fehlt. Das sind nun einmal die onera[2] einer mathematischen Profession.

1 Nach dem Tode seiner Frau. Aber bald, am 1. 3. 1810, starb auch Ludwig Gauß, dessen Geburt Johanna das Leben gekostet hatte.
2 Lasten, Bürden.

51
An Minna Waldeck
Göttingen, 27. 3. 1810
Mack 1927, S. 68–69

Mit klopfendem Herzen schreibe ich Ihnen diesen Brief, von dem das Glück meines Lebens abhängt. Wenn Sie ihn empfangen, sind Sie schon bekannt mit meinen Wünschen.[1] Wie werden Sie, Beste, sie aufnehmen? Werde ich Ihnen nicht in einem nachteiligen Lichte erscheinen, daß ich, noch kein halbes Jahr nach dem Verluste einer so geliebten Gattin[2], schon an eine neue Verbindung denke? Werden Sie mich deshalb für leichtsinning oder für noch schlimmer halten?

Ich hoffe, Sie werden es nicht. Wie könnte ich auch den Mut haben, Ihr Herz zu suchen, wenn ich mir nicht schmeichelte, in Ihrer Meinung so gut zu stehen, daß Sie mich keiner Motive fähig halten können, für die ich erröten müßte?

1810 Ich ehre Sie viel zu sehr, um es Ihnen verschweigen zu wollen, daß ich Ihnen nur ein geteiltes Herz anzubieten habe, in welchem das Bild des verklärten Schattens nie erlöschen wird. Aber wenn Sie wüßten, Sie Gute, wie sehr die Verewigte Sie liebte und achtete, Sie würden mich ganz verstehen, daß ich in diesem wichtigen Augenblicke, wo ich Sie frage, ob Sie sich entschließen können, den von der Verewigten verlassenen Platz anzunehmen, diese lebendig vor mir sehe, freudig meinen Wünschen zulächelnd und mir und meinen Kindern[3] Heil und Segen wünschend.

Aber, Teuerste, ich will Sie nicht bestechen bei der ernstesten Angelegenheit Ihres Lebens. Daß eine Selige mit inniger Freude auf die Erfüllung meiner Wünsche herabsehen würde, daß Ihre Mutter, die ich damit bekanntgemacht habe (sie selbst wird Ihnen sagen, was mich dazu vermocht hat) – daß Ihr Vater[4], welcher durch Ihre Mutter darum weiß, meine Absichten billigen und unser aller Glück davon [er-]hoffen, daß ich, dem Sie teuer waren vom ersten Augenblicke an, wo ich Sie kennenlernte, überglücklich dadurch werden würde, – dies alles erwähne ich bloß darum, um Sie zu bitten, um Sie zu beschwören, darauf keine Rücksicht zu nehmen, sondern bloß Ihr eignes Glück und Ihr eignes Herz zu Rate ziehen. Sie verdienen ein ganz reines Glück und müssen sich durchaus durch keine Nebenrücksichten, die außer meiner Persönlichkeit liegen, von welcher Art sie auch sein mögen, leiten lassen. Lassen Sie mich Ihnen auch ganz offen gestehen, daß, so bescheiden und genügsam ich sonst in meinen Ansprüchen an das Leben bin, es in dem engsten häuslichen Verhältnisse keinen Mittelzustand für mich geben kann und daß ich da entweder höchst glücklich oder sehr unglücklich sein muß – und glücklich würde mich selbst die Verbindung mit Ihnen nicht machen, wenn Sie es dadurch nicht *ganz* würden.

Einigen Anteil an Ihrem Wohlwollen habe ich wohl schon länger; prüfen Sie sich, Teuerste, ob Sie im Stande sind, mir mehr zu schenken: Fänden Sie, daß Sie es nicht könnten, so scheuen Sie sich nicht, das Urteil über mich auszusprechen. Aber keine Worte würde ich für mein Glück haben, wenn Sie mir erlaubten, mich mit einem noch schönern Namen zu nennen als dem

Ihres wärmsten Freundes
Carl Friedrich Gauß[5]

1 Gauß hatte am 4.3.1810 seine künftige Schwiegermutter Charlotte Waldeck, geb. Wyneken (um 1765–1848), von seiner Heiratsabsicht brieflich unterrichtet (Mack 1927, S. 66–68).
2 Johanna Gauß, die am 11.10.1809 gestorben war.
3 Joseph und Minna Gauß.
4 Johann Peter Waldeck.

5 Der Heiratsantrag wurde angenommen; die Verlobung erfolgte am 1.4.1810.

52
An H.C. Schumacher
Braunschweig, 29.4.1810
Gerardy 1969, S. 16

Es wundert Sie vielleicht, daß ich nicht schon früher an sie [Minna Waldeck] gedacht haben sollte in dieser Beziehung,[1] allein vielleicht erinnern Sie sich auch, daß sie vorher schon Braut eines andern war. Diese Verbindung, schon vor 5 Jahren vielleicht etwas zu übereilt angeknüpft, aber nachher von ihr gewissenhaft festgehalten, wurde im vorigen Winter von dem Toren[2] zerrissen, der sie auf eine unwürdige Art einer andern aufzuopfern imstande war. Am 21. Februar erfuhr ich dies damals noch ganz neue Ereignis durch einen Zufall; von diesem Tage an hoffte ich (der schon etwas früher eine zweite Heirat als eine meinen Kindern[3] schuldige Pflicht ansah, selbst wenn ich sie in Rücksicht auf mein eignes Glück als ein Opfer betrachten müßte) in ihr ein vollkommenes Glück wiederzufinden; am 4. März entdeckte ich meine Absichten ihrer Mutter[4], um mir freieren Zutritt in ihrem Hause zu verschaffen!

1 Eine zweite Ehe.
2 Ein gewisser Witmütz. Mehr ist über den früheren Verlobten Minna Waldecks nicht bekannt.
3 Joseph und Minna Gauß.
4 Charlotte Waldeck, geb. Wyneken.

53
An W. von Humboldt
Göttingen, 24.5.1810
Biermann 1977a, S. 128–129

Ich wünschte, Worte zu finden, um Ihnen ganz sagen zu können, wie teuer mir teils die ehrenvolle Meinung, die Sie von mir haben, teils der in Ihrer Zuschrift gemachte Antrag sind.[1] So wie von jeher das eigne Arbeiten in meinen Lieblingswissenschaften mein höchster Genuß war, so war es von jeher mein höchster Wunsch, in einer Lage zu sein, wo ich ganz und ungestört von Nebengeschäften, die ich immer als eine Art von Opfer betrachtet habe, mich meiner Neigung hingeben könnte. Die Lage, die Sie mir in Berlin anbieten, würde meine Wünsche ganz erfüllen. Ich sage, ich wünschte Worte zu finden, die es ganz ausdrückten, wie tief ich das oben Gesagte empfinde, um von Ihnen nicht falsch beurteilt zu werden, wenn ich

1811 hinzusetzen muß, daß *für den gegenwärtigen Augenblick* in meinen persönlichen Verhältnissen Umstände liegen, die mir den Wunsch abnötigen, die Entscheidung, ob ich meine liebste Hoffnung erfüllt sehen soll, noch zu verschieben.[2] [...] Es ist mir peinlich, da Sie mich von Seiten meiner Denkungsart gar nicht kennen, daß ich nicht weiß, ob Sie meiner Aufrichtigkeit glauben werden, wenn ich versichere, daß nach aller menschlichen Wahrscheinlichkeit diese [Familien-]Verhältnisse, die ich freilich nicht näher berühren kann, meiner Trennung von Göttingen gar nicht absolut im Wege stehen, sondern vielmehr nach einiger Zeit vielleicht gar dazu mitwirken werden. Es *kann* sein, daß dieser Zeitpunkt *sehr bald* eintritt; aber ich würde zu viel auf das Spiel setzen, wenn ich schon jetzt die Entscheidung wagen sollte.[3]

1 Wilhelm von Humboldt hatte als Leiter der Sektion für den öffentlichen Unterricht im preußischen Ministerium des Inneren Gauß am 25.4.1810 an die neue, von ihm initiierte Universität in Berlin berufen und ihm die Mitgliedschaft in der Berliner Akademie der Wissenschaften in Aussicht gestellt. Dieser offiziellen Berufung hatte Humboldt einen sehr liebenswürdigen privaten Begleitbrief vom 27.4.1810 beigefügt (Biermann 1977a, S. 125–127).

2 Zu den Gründen, die Gauß zum Aufschub seiner Entscheidung veranlaßten und die in Spannungen im Verhältnis zu seiner Braut Minna Waldeck lagen, siehe die Einführung.

3 Die Eheschließung mit Minna Waldeck erfolgte am 4.8.1810, und Gauß blieb, dem Wunsche seiner Frau folgend, in Göttingen. Die Berliner Akademie nahm ihn jedoch am 18.7.1810 als Auswärtiges Mitglied auf. Mehrfache spätere Versuche, Gauß nach Berlin zu holen und bei denen sich Alexander von Humboldt sehr engagierte, blieben ebenfalls ohne Erfolg (Biermann 1958/59, S. 125–127). Auch einen Ruf nach Leipzig (1809/10) schlug Gauß aus.

54

An W. Olbers

Göttingen, 12.3.1811

Grave 1924, S. 92–94

Welchen lebhaften Anteil ich an dem Ereignisse, das das Schicksal von Br[emen][1] bestimmt hat, genommen habe, brauche ich Ihnen nicht zu sagen; ich habe selbst gesehen, wie glücklich Sie sich in Ihrer bisherigen Verfassung fühlten, und kann es lebhaft denken, mit welchen Empfindungen Sie diese Katastrophe erfahren. Möchte der wunderbare Lauf der Weltbegebenheiten in Zukunft von andern Seiten Ersatz dafür darbieten können. [...]

Ich habe in diesem Winter ein paar geschickte und fleißige junge Leute zu Zuhörern gehabt, besonders einen Hamburger namens Gerling, den ich mal der Astronomie erhalten zu sehen wünschte.

Ein Bessel ist er freilich nicht – die sind selten –, aber ein geschickter und brauchbarer Mann kann er werden.[2] *1812*

1 Die Eingliederung Bremens in das französische Kaiserreich; siehe die Einführung.
2 Die Gaußsche Prophezeiung erfüllte sich: Gerling hat keine tieferen Spuren in der Wissenschaft hinterlassen, aber wurde ein gründlicher Physiker, Geodät und Astronom, der für Gauß in vielen praktischen Fragen ein unentbehrlicher Ratgeber war. Seine organisatorischen Fähigkeiten zeigten sich auch darin, daß er siebenmal Dekan der Philosophischen Fakultät der Universität Marburg und dreimal deren Prorektor war.

55

An F. W. Bessel

Göttingen, 21. 11. 1811

Auwers 1880, S. 154

Mir geht es übrigens hier gut. Es sind mehrere geschickte junge Leute hier, besonders [...] Nicolai[1]; diesen Winter aber habe ich leider ein Kollegium mit einem höchst einfältigen Schüler.

Der Bau unserer Sternwarte ist den letzten Sommer hindurch ziemlich fortgeschritten [...] Mein häusliches Glück ist seit dem 29. Julius durch einen Sohn vermehrt, ein sehr gesundes kräftiges Kind, lebhaft und doch gesetzt, beinahe wie sein gestorbener Bruder Louis. Wenn eines meiner Kinder des Vaters Liebe zu den exakten Wissenschaften erben sollte, so ist es wahrscheinlich eher dieser Eugen[2] als sein leichtblütiger Bruder Joseph.[3]

1 Bernhard Nicolai (1793–1846), später Direktor der Sternwarte zu Mannheim. Er gehörte der von Gauß begründeten astronomischen Schule an, der u. a. auch Gerling und Encke zuzurechnen sind.
2 In der Tat scheint Eugen Gauß das begabteste der Gaußschen Kinder gewesen zu sein, von denen keines in die Fußtapfen des Vaters getreten ist.
3 Es sollte sich indessen zeigen, daß Eugen sehr viel leichtlebiger als sein schwerblütigerer Stiefbruder Joseph war.

56

An B. von Lindenau

Göttingen, 16. 4. 1812

Biermann 1974, S. 7–9

Recht herzlichen Dank, bester Freund, für Ihren gütigen Brief aus Paris vom 10. März, sowie für den vorangegangenen aus Bremen[1]. Oft denke ich mich zu Ihnen hin, wie Sie jetzt im Genuß der vielen interessanten Dinge, die Ihnen Ihre Reise[2] darbietet, schwelgen,

1812 und im voraus freue ich mich darauf, wenn wir einmal wieder beisammen sein werden, wie Sie mir davon erzählen sollen. Ich habe meine Zeit seit Ihrem Hiersein teils mit der Vollendung des ersten Teils der der Sozietät[3] am 30. Januar übergebenen Abhandlung über die transzendenten Funktionen[4], deren Abdruck seit gestern angefangen ist, teils mit den Pallasstörungen zugebracht. Von letztern ist nun die erstmalige Berechnung ganz vollendet[5] und zu meiner Zufriedenheit ausgefallen. Die Anzahl aller Gleichungen, die über eine Sekunde gehen oder solchen gleichgültig sind, geht nahe an 400, und mehrere andere höchst interessante Resultate sind sonst damit verbunden[6], worüber ich Ihnen künftig mehr kommunizieren werde. [...] Ob ich die zweite Bearbeitung (die unerläßlich ist auch schon deswegen, weil die erste natürlich nicht mit den genauen mittlern elliptischen Elementen geführt werden konnte) ausführen werden, darüber bin ich noch nicht entschlossen.[7] Da sie auch nach einem doppelt so großen Zuschnitt ausgeführt werden muß, so hätte ich dazu, zumal da meine Zeit nur geteilt darauf gewandt werden könnte, wenigstens ein Jahr nötig. Sie können von diesen Mitteilungen, so viel Ihnen gut dünkt, an Laplace[8] sagen, falls dieser Brief Sie noch in Paris trifft, allenfalls hinzusetzen, *Sie vermuteten für sich*, daß ich doch diese Arbeit unternehmen werde. Es könnte sein, daß das Institut[9] schon meine bisherige Arbeit nebst der Entwicklung meiner Methoden den Forderungen, welche es gemacht hat[10], genügend erkennen würde; aber ich selbst befriedige mich damit nicht und werde sie *so* nicht nach Paris schicken.

Mit Ungeduld habe ich dieses Jahr die Wiedererscheinung der Pallas erwartet, aber das böse Wetter hat mir erst am 9. April eine Beobachtung erlaubt; [...]

Viel Glück zu Ihrer weitern Reise. Empfehlen Sie mich bestens bei Laplace, von Zach[11], Oriani[12] usw. und erfreuen Sie recht bald wieder mit einem Briefe

Ihren ganz eignen C. F. G.

1 Von Lindenau hatte dort seinen und Gauß' gemeinsamen Freund Olbers besucht.

2 Die Reise dauerte sieben Monate und führte durch West- und Südeuropa.

3 Die Sozietät (später Akademie) der Wissenschaften in Göttingen.

4 Gauß' Arbeit »Disquisitiones generales ...« (Allgemeine Untersuchungen über die unendliche Reihe ...) war für die Theorie der Reihen und der hypergeometrischen Funktionen wichtig. Gauß 1863/1933, 3, S. 125–162.

5 Nach der Berechnung der speziellen Störungen hatte Gauß im Sommer 1811 die Berechnung der allgemeinen Störungen der Pallas begonnen.

6 Hiermit dürfte Gauß in erster Linie seine Entdeckung gemeint haben, daß »die mittleren Bewegungen von Jupiter und Pallas in dem rationalen Verhältnis 1 : 18« stehen; vgl. Biermann 1971a.
7 Gauß führte die zweite Rechnung der allgemeinen Jupiterstörungen der Pallas tatsächlich aus und beendete sie im Juli 1813.
8 Pierre-Simon de Laplace (1749–1827), Mathematiker und Astronom in Paris.
9 Das Institut de France, zu dem auch die Académie des sciences gehörte.
10 Gemeint ist die bereits 1804 gestellte Preisaufgabe über die Störungstheorie der Pallas. Zu der Einreichung einer Bewerbungsschrift durch Gauß ist es nicht gekommen.
11 Von Zach hielt sich nach 1805 im Ausland auf.
12 Barnaba Oriani (1752–1832), italienischer Astronom.

57
Zu J. F. Encke
Auf der Reise von Göttingen nach Gotha, etwa 25.9.1814
Schering 1887, S. 43

Encke erinnert sich in einem Schreiben an Gauß vom 9.11.1832:
[Ihr Brief] hat mir lebhaft eine sehr frühe Unterhaltung in das Gedächtnis zurückgerufen auf der Reise im Jahre 1814 nach Seeberg[1], wohin Sie die Güte hatten, mich mitzunehmen, eine Reise, die auch für mein ganzes künftiges Leben so wichtig geworden ist. Sie erklärten sich damals über Ihre Weise der Arbeit ganz auf die gleiche Weise, wie Ihnen die Art von Euler nicht zusage, sogleich die Resultate Ihres Nachdenkens in der Form, wie sie sich vielleicht zuerst darböten, zu publizieren mit dem Vorbehalte, später häufig und wiederholt darauf zurückzukommen, sondern wie Sie immer erst eine Vollendung und innere Zufriedenheit sowohl der Sache als der Form nach beabsichtigen.

1 Gauß verbrachte 1810, 1811, 1812 und 1814 die sogenannten Michaelisferien (Herbstferien Ende September, Anfang Oktober) bei seinem Freund von Lindenau. 1814 wurde er von Encke begleitet, der 1816 als Observator auf den Seeberg ging und die Nachfolge des in den Staatsdienst übergehenden von Lindenau antrat.

58
An J. G. Repsold[1]
Göttingen, 16.11.1814
Riebesell 1928, S. 404–405

Gegenwärtig ist nun das Hauptgebäude der Sternwarte bis auf den inneren Ausbau fertig, und seit wenigen Tagen ist endlich der Befehl ergangen, den Bau der Wohnungen mit nächstem Frühjahr zu beginnen. Jetzt erst erhalte ich also nähere Aussicht auf die Vollen-

1814 dung des Ganzen und kann nun wenigstens anfangen, auf Instrumente zu denken. Jetzt wird sich auch der Versuch machen lassen, ob es möglich wird, Ihren [Meridian-]Kreis für die Sternwarte zu acquirieren[2]. Es würde mir das auch insofern erwünscht sein, als ich auf keine andere Art gleich früh in praktische Tätigkeit kommen könnte. [...] Freilich ist noch immer der erschöpfte Zustand der Kassen der Punkt, auf den oft zurückgewiesen wird, allein man zeigt aufrichtig guten Willen, und ich bin nicht ohne Hoffnung eines guten Erfolgs. Freilich wird es bis zur völligen Vollendung der ganzen Sternwarte noch mehrere Jahre dauern, allein da das Hauptgebäude der Sternwarte bald verschließbar sein wird, so könnte wohl der Kreis früher aufgestellt werden, noch ehe die Wohngebäude ganz vollendet sind. Ich würde die Mühe nicht scheuen, bei wichtigeren Vorfallenheiten einen Teil der Nächte draußen zuzubringen, und so könnte vielleicht heute über das Jahr der Kreis schon in Tätigkeit sein.[3] Doch das Weitere wird sich finden, sobald die Hauptsache arrangiert ist. Ich brauche Ihnen nicht erst zu versichern, daß Ihr Instrument in keine Hände kommen könnte, die es mehr in Ehren halten und – benutzen würden als die meinigen.

1 Johann Georg Repsold (1770–1830), Hersteller astronomischer Instrumente und Spritzenmeister (Branddirektor) in Hamburg, wo er bei der Bekämpfung des großen Brandes ums Leben kam.
2 Erwerben.
3 Gauß' Geduld wurde noch auf harte Proben gestellt. Die von Gauß gewünschten Verbesserungen an dem Meridiankreis von 1802 erfolgten 1817, und die Aufstellung in Göttingen nahm Repsold persönlich erst vom 11. bis zum 19.4.1818 vor.

59

An B. von Lindenau
Göttingen, vor 30.12.1814
Ebart 1896, S. 22

Die künftige [astronomische] Zeitschrift[1] soll bloß in rein wissenschaftlichem Geiste unternommen werden. Alle Lückenbüßer oder was bloß zur Unterhaltung müßiger Menschen bestimmt ist, bleibt ganz ausgeschlossen. [...] Honorare werden gar nicht gegeben, verdiente Mitarbeiter erhalten bloß ein Ehren-Exemplar. Um zu erfahren, ob Deutschland genug Verehrer der Astronomie und Mathematik hat, wird man zeitig, etwa im Junius, den Plan bekanntmachen, damit jene sich als Subskribenten melden können. Die Zeitschrift erscheint, wenn durch die Zahl der Subskribenten die Kosten gedeckt sind. Ist der Ertrag größer, so wird der Überschuß zu mathematisch-astronomischen Preisen verwandt.

1 Die Hoffnung von Lindenaus, Gauß als Mitredaktor einer neuen astronomischen Zeitschrift zu gewinnen, erfüllte sich nicht. Zu Lindenaus Zeitschrift für Astronomie und verwandte Wissenschaften 1816/18 vgl. Herrmann 1972, S. 60–70.

60
An W. Olbers
Göttingen, 21.3.1816
Schilling 1900/09, 1, S. 629

Ich gestehe zwar, daß das Fermatsche Theorem[1] als isolierter Satz für mich wenig Interesse hat, denn es lassen sich eine Menge solcher Sätze leicht aufstellen, die man weder beweisen, noch widerlegen kann. Allein ich bin doch dadurch veranlaßt, einige alte Ideen zu einer *großen* Erweiterung der höheren Arithmetik wieder vorzunehmen. Freilich gehört diese Theorie zu den Dingen, wo man nicht voraussetzen kann, inwiefern es gelingen wird, dunkel vorschwebende entfernte Ziele zu erreichen. Ein glückliches Gestirn muß mit obwalten, und meine Lage und so vielfach abziehende Geschäfte erlauben mir freilich nicht, solchen Meditationen nachzuhängen, wie in den glücklichen Jahren 1796–1798, wo ich die Hauptsachen meiner Disquisitiones Arithmeticae[2] bildete.

Allein ich bin überzeugt, wenn das *Glück* mehr tun sollte, als ich erwarten darf und mir einige Hauptschritte in jener Theorie glükken, auch der Fermatsche Satz nur als eines der am wenigsten interessanten Corollarien[3] dabei erscheinen wird.

1 Der nach dem französischen Zahlentheoretiker Pierre de Fermat (1601–1665) benannte »Große Fermatsche Satz«, wonach die Gleichung $a^n + b^n = c^n$ in natürlichen Zahlen a, b, c für ganzzahlige Exponenten $n > 2$ nicht lösbar ist, wurde bis heute *in voller Allgemeinheit* noch nicht bewiesen.
2 Gauß 1863/1933, 1; vgl. die Einführung und Text Nr. 22, Anm. 6.
3 Siehe Text Nr. 20, Anm. 2.

61
An Minna Gauß, geb. Waldeck[1]
München, 26.4.1816
Worbs 1955, S. 76–77

Am Sonntage früh [21.4.1816] verließen wir[2] mit Lindenaus Wagen und Mietpferden den Seeberg, um über den Thüringer Wald zu fahren, wo die Wege noch ganz mit Eis bedeckt waren. Im Sommer müssen diese Gegenden romantisch schön sein. Die Mietpferde brachten uns 7 Meilen[3] weit bis Meiningen, wo wir aber sogleich Postpferde nahmen, die ganze Nacht auf den herrlichen Bayrischen

Chausseen mit Vogelschnelle durchfuhren und am andern Morgen ziemlich müde in Würzburg ankamen. Hier wurde ausgeruht, einiges in Augenschein genommen, übernachtet und am Dienstag früh wieder bis Ansbach weitergefahren. Nachdem wir uns hier mit einem Mittagsmahl gestärkt hatten, fuhren wir mit Anbruch der Nacht wieder weiter, die ganze Nacht durch, und am folgenden Tage bis Augsburg, wo wieder übernachtet, am Donnerstagmorgen einiges besehen und am Mittag wieder weitergefahren wurde. Diese letzten 8 ½ Meilen wurden auf einem unvergleichlichen Wege in 7 ½ Stunden[4] zurückgelegt, und so kamen wir gestern Abend in dem schönen München an.[5]

1 Zur Unterscheidung von Gauß' Tochter aus erster Ehe, Minna, hier künftig stets so kenntlich gemacht.
2 Gauß hatte auf die Reise nach München und Benediktbeuern, die der Beschaffung von astronomischen Instrumenten für die neue Göttinger Sternwarte dienen sollte, seinen zehnjährigen Sohn Joseph mitgenommen.
3 1 Postmeile = 7,5 km.
4 Die durchschnittliche Reisegeschwindigkeit von Postkutschen betrug 1 Meile pro Stunde.
5 Über Würzburg, Ansbach, Donauwörth und Augsburg. Die Entfernung Göttingen bis München betrug 67 Meilen (Gresky 1971, S. 40).

62

An Minna Gauß, geb. Waldeck
Reichenhall, 11. 5. 1816
Worbs 1955, S. 77

Endlich bin ich auf der Rückreise[1]. Nachdem ich 12 Tage in München, die Exkursion nach Benediktbeuern[2] mit eingerechnet, sehr angenehm zugebracht hatte, habe ich Reichenbach[3], welcher hierher in Dienstgeschäften eine Reise zu machen hatte, hierher begleitet, und nachdem ich hier in dem benachbarten Berchtesgaden sowohl die äußerst interessanten Salinen[4] als die unvergleichlich schöne Gegend kennengelernt habe, werde ich morgen die Rückreise nach Göttingen antreten. [...]

Ich schreibe dies in der Mitternachtsstunde, wo mir die Augen schon zufallen wollen, da wir heute den Abstecher nach Berchtesgaden gemacht und dort in den unterirdischen Steinsalzbrüchen immer in Bewegung gewesen sind.[5]

1 Es wurde die gleiche Route wie auf der Hinreise genommen.
2 In der Utzschneider gehörenden ehemaligen Abtei Benediktbeuern wurden unter Fraunhofers Leitung optische Gläser für Fernrohre hergestellt und bearbeitet.

3 In Reichenbachs Werkstatt erfolgte die Herstellung astronomischer Meßwerkzeuge.
4 Reichenbach war zugleich Salinenrat.
5 Die wichtigsten Bestellungen, die Gauß nach der Reise und nach Einholung der Genehmigung durch das Universitäts-Kuratorium tätigte, waren zwei Winkelmeßinstrumente von Reichenbach: ein Meridiankreis (geliefert 1819) und ein Passageninstrument (geliefert 1818; Gresky 1971).

63
An F. W. Bessel
Göttingen, 23.12.1816
Auwers 1880, S. 246–247

Wohl habe ich Ursache, Sie, teuerster Freund, wegen meines so langen Stillschweigens um Verzeihung zu bitten. Und doch habe ich eigentlich keine Entschuldigung als die Unlust einen in wissenschaftlicher Hinsicht fast leeren Brief zu schreiben und – oft den Unmut darüber, *daß* ich Ihnen nur einen solchen hätte schreiben können. Leider ist der Zeitpunkt einer angemessenen praktischen Tätigkeit noch auf's neue weiter hinausgerückt. In der Hoffnung, nun wenigstens in diesem Herbst den Repsoldschen Kreis zu erhalten[1], hatte ich mich dazu bequemt, die neue Wohnung zu beziehen, trotzdem, daß sie zum Teil noch unvollendet ist, und trotz den tausendfachen Unbequemlichkeiten, die das Bewohnen eines solchen Hauses im Winter, abgeschnitten von der Stadt, mit einer starken Familie hat. Allein vor kurzem erklärt endlich Repsold, daß es nun *wenigstens* noch vier Monate bis zur Vollendung des Instruments dauern würde.[2] So habe ich also jenes Opfer umsonst gebracht. Die Sternwarte selbst ist auch erst halb vollendet, doch könnten in zwei Zimmern Beobachtungen gemacht werden. Die meisten Instrumente sind von der alten Sternwarte herausgeschafft, und ich denke, wenigstens noch eine Anzahl Beobachtungen mit dem Repetitionskreise zu machen. Gestern und heute habe ich damit die Sonne beobachtet; allein die Beobachtungen werden kaum zu gebrauchen sein, weil sie alle ziemlich entfernt auf einer Seite des Mittags liegen und es an einer guten Zeitbestimmung fehlte. Welch eine Sklaverei, zur Zeitbestimmung immer nur einzelne Sonnenhöhen berechnen zu müssen! Sie werden es mir nicht verargen, daß ich unter solchen Umständen mich lieber mit anderen Dingen beschäftige. Seit mehreren Monaten sind es gewisse Untersuchungen aus der höheren Arithmetik, auf die ich wiederum zurückgekommen bin und die mich selbst schon seit beinahe 12 Jahren geplagt haben. Sie gehören zu der Gattung derjenigen, wo man nicht im voraus sagen kann: dies will ich tun, sondern wo, vielleicht nach 999 mißlungenen Ver-

1816 suchen, eine glückliche 1000ste Kombination zum Ziele führt. Jetzt habe ich zwar das Ziel erreicht, doch immer noch auf einem nicht genug kurzen Wege. Der Gegenstand ist die Theorie der biquadratischen Reste, deren ich vielleicht schon mehrere Male gegen Sie erwähnt habe. Auch dies Brüten über *einer* Sache, ohne daß mitteilbare Resultate daraus hervorgehen, hat mich in anderen Dingen und besonders in meiner Korrespondenz zurückgesetzt. Ich werde jetzt nur so viel davon aufschreiben, daß die neuen, noch in der Luft schwebenden Ideen wenigstens meinem Gedächtnis erhalten werden.[3]

Zur Beobachtung der Sonnenfinsternis hatte ich, damals noch auf der alten Sternwarte, alles vorbereitet; allein die Sonne blieb stets in Schneewolken ganz unsichtbar. [...]

Meine herzlichen Wünsche für Sie, teuerster Bessel, und die Ihrigen für das bevorstehende neue Jahr von

Ihrem treu ergebenen C. F. Gauß

1 Vgl. Text Nr. 58.
2 Vgl. aber hierzu Text Nr. 58, Anm. 3.
3 Erst 1825 entsprach die »Theorie der biquadratischen Reste« den strengen Forderungen von Gauß. Ihre Veröffentlichung erfolgte 1828 (Gauß 1863/1933, 2, S. 65–92).

GRADMESSUNG UND LANDES-VERMESSUNG

1818 / 1831

64

An Minna Gauß, geb. Waldeck
Göttingen, 15.7.1818
Mack 1927, S. 74–75

Ich war wirklich nicht ohne Sorgen, daß Du bei der Menge der Kurgäste in Pyrmont nicht gleich eine Wohnung nach Deinem Wunsche würdest finden können. Die freundliche Aufnahme, die Du gefunden, beruhigt mich nun über die fehlgeschlagene Hoffnung, daß Olbers dort sein würde, einigermaßen. Sehnlich erwarte ich nun die erste Nachricht, wie das Baden Dir bekommt. Möge der Himmel Deine Kur segnen, damit Du gesund und froh in meine Arme zurückkommst.

Ich stelle mir vor, daß Du bei Deinem Gesundheitszustande, und weil Du nie von den Kindern[1] abwesend gewesen bist, Dich ihretwegen zuweilen beunruhigen und daher auch schon einen Brief gern empfangen wirst, der Dir nichts weiter sagt, als daß alle sich fortwährend wohl befinden und artig sind. Minna und Eugen wollen selbst einen Zettel beilegen. Auch im Garten steht alles im schönsten Flor.

[...] In der Sternwarte wird täglich gepinselt und gehämmert [...]

Stündlich, beste Minna, denke ich daran, was Du nun wohl eben vornehmen mögest. Ich begleite Dich in Gedanken zum Brunnen, in die Allee, zum Bade, zum Essen, zu Deinen Lustpartien. Denke nur an nichts, als wie Du Dich erheiterst und Deine Kräfte stärkst. Ich freue mich sehr, daß das einige Tage hier unfreundlich gewesene Wetter jetzt auch wieder schön werden zu wollen den Anschein hat.

Ich bin abgehalten worden und muß nun eilen, den Brief noch auf die Post zu schicken. Ich umarme Dich in Gedanken

Dein
Carl

1 Joseph, Minna, Eugen, Wilhelm und Therese Gauß.

65

An Minna Gauß, geb. Waldeck
Lüneburg, 9.10.1818
Mack 1927, S. 121–122

Ich bin bisher immer so sehr beschäftigt gewesen, daß ich Dir, beste Minna, seit meinem ersten Briefe von hier noch nicht wieder habe schreiben können. Jetzt sind meine Arbeiten[1] hier größtenteils geendigt, und ich denke, übermorgen früh von hier nach Hamburg abzureisen. [...]

Der [Michaelis-]Turm, obgleich über 200 Stufen und Sprossen hoch, ist doch noch ziemlich bequem zu besteigen, und ich finde jetzt immer abends auch im Dunkeln den Weg herunter. [...] Das Wirtshaus, wo ich logiere, ist nicht sonderlich, alles ziemlich malpropre[2] und das Essen schlecht; indessen geht es doch mit meinem Befinden ganz gut, besonders finde ich, daß es mir besser bekommt, gar nicht zu Abend zu essen.

1 Zur Verbindung der hannoverschen mit der dänischen Triangulierung erforderliche Messungen. Dabei sah Gauß ein von der Sonne beschienenes Fenster der Michaeliskirche in Hamburg aufblitzen. Diese Erfahrung war die erste Veranlassung zur Erfindung des Heliotrops; siehe die Einführung.
2 Unsauber.

66

An H. C. Schumacher
Göttingen, 26.12.1821
Gerardy 1969, S. 18

Ich habe hier eine Menge verdrießlicher Geschäfte vorgefunden, besonders in 5 oder 6 prozessualischen Angelegenheiten. Einen Prozeß, der schon gewonnen schien, habe ich verloren, da der rabulistische[1] Gegner behauptete, der im Jahr 1813 bei Bautzen gebliebene Bruder meiner Frau könne noch am Leben sein,[2] und ich das Gegenteil nicht *juristisch* beweisen konnte. Auch das Testament meiner in Braunschweig verstorbenen Schwiegermutter[3] bringt mich in mehrere sehr verdrießliche Verhältnisse. Ich glaube, die türkische Justiz ist 10mal besser als die europäische. Glücklich, wer mit letzterer nichts zu tun hat.

1 Rechtsverdreherische.
2 Die Nachricht, daß sein Schwager, Bruder seiner Frau Minna, der Infanteriekapitän Waldeck gefallen sei, und zwar am 23. September 1813 unweit von Bischofswerda, verdankte Gauß einem Brief von Gerling vom 7.11.1813. Letzterer hatte auf Gauß' Wunsch recherchiert und zwei Offiziere ausfindig gemacht, die ehrenwörtlich als

Augenzeugen den Tod bestätigten (siehe Gerardy 1964, S. 9–10). Waldeck kämpfte mit seiner Einheit im Rahmen des Truppenkontingents des Königreichs Westfalen auf französischer Seite.

3 Johanna Maria Christine Osthoff, geb. Arenholz (1747–1821), Gauß' erste Schwiegermutter.

67

An H. C. Schumacher
Barlhof, 29. 9. 1822
Peters 1860/65, 1, S. 286

Ganz so schlecht, wie ich gefürchtet hatte, ist der Aufenthalt hier doch nicht, ohne Vergleich besser, wie in Ober-Ohe, von wo aus ich den Hausselberg und Breithorn bestritt.[1] Dort lebt eine Familie, deren Haupt »Peter Hinrich von der Ohe zur Ohe« sich schreibt (falls er schreiben kann), dessen Eigentum vielleicht 1 Quadratmeile groß ist, dessen Kinder aber die Schweine hüten. Manche Bequemlichkeiten kennt man dort gar nicht, z. B. einen Spiegel, einen A[bor]t und dergleichen.[2] Gott sei Dank, daß ich den 10-tägigen Aufenthalt daselbst überstanden habe und bei der kühlen, meinem Körper zusagenden Witterung, recht gut überstanden habe.

1 Die Rede ist von den geodätischen Messungen in der Lüneburger Heide; vgl. Text Nr. 68 und 69.

2 Dieser Bericht erhielt 157 Jahre danach eine Richtigstellung durch den Dipl.-Ing. Heinrich-Hermann von der Ohe zur Ohe (gest. 1979), einen Ururenkel des ungefälligen Gastgebers: Peter Hinrich von der Ohe zur Ohe konnte lesen und schreiben, in seiner Wohnung standen kostbare Möbel des ehemaligen Schlosses Celle, eine Toilette war sehr wohl vorhanden (aber für die Familie und willkommene Gäste reserviert), und die drei Ohe-Höfe (sie waren damals noch Erblehen) umfaßten insgesamt etwa 3000 Hektar, ungefähr eine halbe Quadratmeile. Offenbar hatte Peter Hinrich von der Ohe zur Ohe in Gauß einen lästigen Hungerleider erblickt und ihn daher von den »Bequemlichkeiten« des Hofes ausgeschlossen. Er brachte Gauß wahrscheinlich in der »Reuterkammer« unter, die gewöhnlich militärischer Einquartierung vorbehalten war (Ohe 1979; Gresky 1980).

68

An C. L. Gerling
Göttingen, 7. 11. 1822
Schaefer 1927, S. 226–230

Ich bin sehr begierig, von dem Fortgang Ihrer Messungen[1] etwas ausführlich unterrichtet zu werden, und setze Sie daher gleich in Kenntnis von den meinigen.

Nachdem ich im vorigen Jahre die Stationen Göttingen, M[eridian-]Zeichen, Hohenhagen, Hils und Brocken absolviert hatte, näherte ich mich der Gegend, wo alle Triangulierungen mit unend-

1822 lichen Schwierigkeiten verknüpft sind, der Lüneburger Heide, wo es fast ganz an Höhen fehlt und überall Waldungen jede etwas längere Linie abschneiden. Die Franzosen hatten 1804/1805 für *unmöglich* erklärt, hier ein Triangelnetz zu führen, und waren daher, um Hamburg mit den südlichen Punkten zu verknüpfen, mit ihren Dreiecken erst ganz die Weser herab bis Cuxhaven und dann wieder die Elbe hinaufgegangen. Bei einer Gradmessung war dies natürlich nicht verstattet, und wenn auch ich die direkte Verbindung unmöglich gefunden hätte, so hätte ich meine Gradmessung als solche aufgeben müssen. – Ich mußte daher im vorigen Frühjahr vor allen Dingen das Terrain selbst bereisen, welche Reise ich, unter diesen Umständen nicht ohne Ängstlichkeit, gegen Ende April antrat. In Hannover entdeckte ich zuerst die dortige Sichtbarkeit von *Celle* und berichtigte danach die Lage dieses Ortes, den Müller[2] 1821 vom Wohlenberg unrecht geschnitten hatte (d.i. einen falschen Turm für Celle gehalten). In Celle fand ich die dortigen Türme völlig unbrauchbar, fand aber dafür, daß ein Plateau bei Garssen, 1 ½ Stunden N.O. von Celle, wo auch die Franzosen einen Signalturm gehabt hatten (von dem aber jede Spur verpflügt ist), einen brauchbaren Punkt abgebe und nicht bloß mit dem Deister, sondern auch mit Lichtenberg sich verknüpfen lasse. Inzwischen hatte Hptm. Müller den Brelingerberg (der voriges Jahr von Hils aus geschnitten war) neu rekognosziert und sich überzeugt, daß er mit Lichtenberg *nicht* zu verbinden ist. Dieser Punkt mußte daher ganz aufgegeben werden. Auf dem Falkenberg, den ich nachher rekognoszierte, war nicht bloß Deister und Garssen zu sehen, sondern auch der Lichtenberg als sehr schmaler Saum über dem zwischenliegenden Terrain. Soweit ging also alles vortrefflich, aber die weitere Fortsetzung nach Norden von Garssen und Falkenberg aus hat unsägliche Schwierigkeiten gemacht. Ich ließ den Hauptmann Müller die Gegend westlich von Falkenberg und so weiter nördlich rekognoszieren, während ich selbst zuerst nach Lüneburg ging. Jene Rekognoszierung hatte gar kein Resultat; meine eigene ergab, daß es, wenn überhaupt möglich, äußerst schwer sein würde, von Lüneburg aus weiter südlich zu kommen, wo der Süsing eine undurchdringliche Mauer entgegenstellt. Dagegen aber hatte ich die Satisfaktion, die Möglichkeit zweier Dreiecke recht im Herzen der Heide festzusetzen: Wilsede, Wulfsode, Hausselberg und Wulfsode, Falkenberg, Hausselberg. Die großen Schwierigkeiten, die ich dabei gehabt hatte, veranlaßten mich, die Rekognoszierung jetzt abzubrechen und das weitere auf die Zeit zu verschieben, wo ich größeres Personal und vollständigere Instrumente bei mir haben würde, und ich kehrte daher Anfang Juni nach Göttingen zurück.

Carl Friedrich Gauß
Medaillon am ehemaligen Postfuhramt Berlin, Ecke Oranienburger- und Tucholskystraße, um 1880
(Foto: Jörg Biermann)

Carl Friedrich Gauß, 1810
Gipsbüste von Friedrich Künkler (1742–1824)

Carl Friedrich Gauß, 1855
Gipsbüste von Heinrich Hesemann (1814–1856)

Carl Friedrich Gauß
Gipsmodell der Figur für das Braunschweiger Gauß-Denkmal
von Fritz Schaper (1841–1919), 1877

Carl Friedrich Gauß (sitzend) und Wilhelm Weber
Bronzedenkmal von Carl Ferdinand Hartzer (1838–1906)
in Göttingen (oberer Teil), 1899

Die meisten Menschen haben wenig Sinn für solche geistige Genüsse, die nur durch Anstrengungen errungen werden können, und die doch gerade dadurch einen eben so sehr erhöheten als veredelten Reiz erhalten.

Göttingen den 7 Februar 1852.

C. F. Gauß.

Eigenhändige Eintragung von Carl Friedrich Gauß, 1852, in: Deutsches Stammbuch. Autographisches Album der Gegenwart. Dritte Auflage, Leipzig 1860

Carl Friedrich Gauß, 1840
Gemälde von Christian Albrecht Jensen (1792–1870); Replik für Johann Benedikt Listing (1808–1882)

Carl Friedrich Gauß
Grabstätte auf dem Albanifriedhof in Göttingen;
Medaillon von Heinrich Hesemann (1814–1856), 1855

Die Söhne von Carl Friedrich Gauß
Joseph Gauß (1806–1873) (oben)
Eugen Gauß (1811–1896) (links unten)
Wilhelm Gauß (1813–1879) (rechts unten)
(Nach Mack 1927, Taf. 3, 6, 7)

Nachdem ich hier zwei Wochen dazu verwandt hatte, alles für die wirkliche Messung vorzubereiten, fing ich diese am 17. Junius in Lichtenberg an. Die Verbindung mit Falkenberg wurde sehr durch den eine Woche anhaltenden Moorbrand, gerade in dieser Richtung, gestört, aber endlich glücklich vollendet. Hierauf folgte der Deister und dann Garssen. Während dieser Zeit hatte Müller vermittels eines großen Durchhaus[3] die Richtung von Falkenberg nach Wilsede geöffnet, dessen herrliches Gelingen um so mehr zu meiner Satisfaktion gereichte, da ich die Richtung auf künstliche Art aus meiner Frühjahrsmessung hatte ableiten müssen. Einen auf dem Wilsederberg gepflanzten Signalbaum sah ich mitten im Spalt, als ich nachher selbst nach Falkenberg kam. [...][3a] *1822*

Am 7. September verließ ich also Falkenberg und begab mich nach Hausselberg. Leider fand ich hier gleich in der ersten Minute, daß das Terrain, auf dem der Hasselwald steht, nicht genug Depression hatte*) und die Zuziehung von Breithorn unerläßlich wurde. Doch wollte ich die schon auf Hausselberg Bezug habenden Messungen nicht verlieren und entschloß mich daher, *beide* Punkte zu beobachten. Dies gibt so vielfältige unschätzbare Kontrollen, und am Ende muß *jeder* gemessene Winkel pro rata[4] beitragen. Allein um dies zu können, mußte auch die versperrte Linie Hausselberg – Breithorn durch einen Wald geöffnet werden. Unter günstigem Wetter und angestrengter Arbeit wurden indessen in sechs Tagen nicht bloß alle Messungen auf dem Hausselberg absolviert, sondern es wurde auch während dieser Zeit ein steinernes Postament auf Breithorn gesetzt (bei der Seltenheit der Steine in der Heide mußten dazu Grabsteine einige Meilen weit hergeholt werden) und zugleich der Durchhau vom Breithorn–Scharnhorst durch den Hassel größtenteils vollendet. Ich begab mich daher gleich nach Breithorn, stellte meine Instrumente auf und fing unmittelbar, nachdem der letzte Baum gefallen war, die Beobachtung an. Dieser Durchhau ist wirklich eine Art von mathematischem Triumph geworden; als der letzte Baum fiel, hatte ich das Scharnhorstpostament mitten zwischen den beiden Vertikalfäden. Die eine und größere Hälfte der Schwierigkeit war also glücklich überwunden. [... ich] vollendete meine Messungen in Scharnhorst vom 10. bis 13. Oktober. [...]

Ich habe diesen Sommer drei Heliotrope[5] gebraucht und noch einen großen heliotropartig montierten Spiegel zum Telegraphieren. Häufig spielten alle drei Heliotrope zugleich, z. B. als ich in Wilsede war, leuchteten alle drei, dem bloßen Auge sichtbar, da der Hptm. Müller auf dem Falkenberg, mein Sohn Joseph in Wulfsode und Hartmann[6] auf dem Hausselberg und nachher auf Breithorn war. Es ist ein wahrhaft prachtvolles Schauspiel. [...] Bei sehr fla-

1822 cher Inzidenz[7], wo auch zuletzt die Möglichkeit der Lenkung aufhört, habe ich immer mit dem *herrlichsten* Erfolg doppelte Reflexion anwenden lassen, indem nicht die Sonne selbst, sondern ein auf der Erde an schicklicher Stelle aufgestellter Handspiegel den Heliotrop speiste. Ich empfehle Ihnen diesen Kunstgriff zur Nachahmung. [...]

Freilich werden Sie *solche* Schwierigkeiten wie die meinigen gar nicht kennen. In einem bergigen Lande ist es eine Lust zu messen, desto größer, je größer die Entfernungen sind, die beim Gebrauch der Heliotrope gar keine Grenzen haben.

*) Sie sehen, daß ich *immer* Kalkül und Messung gleichen Schritt halten lasse und mir Mittel verschafft hatte, Richtung und Depression von Scharnhorst auf Hausselberg *genau* vorauszuwissen. Ohne diese Verfahrensart, die mich selten vor Mitternacht zur Ruhe kommen ließ, wäre ich bestimmt nicht durchgekommen.

1 Gerling hatte ein Jahr zuvor den Auftrag erhalten, die Gaußschen Messungen nach Süden im Kurfürstentum Hessen fortzusetzen.
2 Georg Wilhelm Müller.
3 Herstellung geradliniger schmaler Schneisen durch Fällen von Bäumen, um das Anvisieren eines Zielpunktes zu ermöglichen. Siehe auch Text Nr. 73.
3a Es folgt eine weitere detaillierte Schilderung der Schwierigkeiten, die zu überwinden waren. Diese Darstellung ist hier ausgelassen.
4 Verhältnismäßig.
5 Die Gaußsche Erfindung, um Sonnenlicht in jede gewünschte Richtung zu reflektieren; siehe Text Nr. 65, Anm. 1.
6 Friedrich Hartmann.
7 Einfall.

69

An F. W. Bessel

Göttingen, 15. 11. 1822

Auwers 1880, S. 405–412

Liebster Bessel!

Seit einigen Wochen bin ich von meiner Reise zurück, die mich fast ein halbes Jahr und mit einer Unterbrechung von wenigen Tagen von hier abwesend gehalten hat. [...] Die außerordentlichen Schwierigkeiten, ein Dreiecksnetz in der Lüneburger Heide zu führen, kannte ich schon aus Épaillys[1] Bericht, der es geradezu für unmöglich erklärt [...] Und doch hatte er große Vorteile vor mir voraus [...] Anfangs ging es selbst besser, als ich erwartet hatte; ich fand, daß Garssen und Falkenberg sich unmittelbar mit Deister und Lichtenberg verbinden ließen; aber bei den Untersuchungen, wie von jenen beiden Punkten die Dreiecke weiter nördlich bis Lüneburg geführt werden könnten, fand ich das Terrain so widerspenstig, daß ich mehrere Male die Möglichkeit eines glücklichen Erfolgs bezweifelte und befürchtete, das ganze Unternehmen aufgeben zu müssen. Das Land überall flach, keine dominierenden Punkte, überall Holz, teils in großen Waldungen wie der Hassel, der Süsing, das Becklinger Holz etc., teils in unzählbaren kleineren Kämpen, die sich schachbrettartig voreinander schieben. [...] Immer machte ich es mir zum Gesetze, mit der Rechnung mit allen Messungen, wie ich sie erhalten hatte, gleichen Schritt zu halten (bis auf die allerletzte Zeile), und nur dadurch ist es mir möglich geworden, alle Durchhaue mit der äußersten Präzision so durchzuführen, daß auch nicht ein Stamm ohne Not gefällt ist, oder die Unmöglichkeit der Durchhaue so früh wie möglich bestimmt zu erkennen.[2] [...]

Aber gewiß ist, daß, wenn meine Lage immer die nämliche bleibt, ich den größern Teil meiner früheren theoretischen Arbeiten, denen noch, der einen mehr, der anderen weniger, an der Vollendung fehlt, und die von solcher Art sind, daß Vollendung nicht sich erzwingen läßt, wenn man eben will, mit in's Grab nehmen werde. Denn etwas Unvollendetes kann und mag ich einmal nicht geben.

Die Fatiguen[3] im heißen Sommer sind oft äußerst angreifend für mich gewesen, zuweilen so, daß ich glaubte, ich würde ihnen erliegen. Auch das ist eine große Beschwerde bei den Arbeiten in der Lüneburger Heide, daß man öfter nur ein schlechtes Unterkommen[4] und doch selbst ein solches nur meilenweit vom Arbeitspunkte haben kann. Bei kühlem Wetter, welches meiner Konstitution besser zusagt, befand ich mich im allgemeinen immer leidlich wohl, und jetzt kann ich über mein Befinden nicht klagen. [...]

Meinen trigonometrischen Messungen habe ich immer eine interessante Seite abgewinnen können [...], und ich muß sagen, daß ich dieses Geschäft mit seinen täglichen Ausgleichungen so lieb gewann, daß das Bemerken, Ausmitteln und Berechnen eines neuen Kirchturms wohl ebenso viel Vergnügen machte, wie das Beobachten eines neuen Gestirns. (Vor Gott ist's am Ende wohl auch einerlei, ob wir die Lage eines Kirchturms auf einen Fuß oder die eines Sterns auf eine Sekunde bestimmt haben.) [...]

Doch Mitternacht ist lange vorüber, und es ist Zeit, mit der Bitte zu schließen, bald wieder mit einigen Zeilen zu erfreuen

Ihren stets ganz eigenen
C. F. Gauß

1 Der französische Militär-Ingenieurgeograph Anatoil François Épailly (1769–1856) hatte von 1803 bis 1805 ein Dreieckssystem ge-

messen, daß sich an die holländischen und thüringischen Netze anschließen bzw. sie verbinden sollte.

2 Gauß ließ sich also von ökonomischen und ökologischen Grundsätzen bei seinen »Durchhauen« (siehe Text Nr. 68, Anm. 3) leiten.

3 Strapazen.

4 Siehe Text Nr. 67.

70
An J. W. Pastorff[1]
Göttingen, 16. 2. 1823
Schaefer 1933/34, S. 58–59

Ich habe zwei Einrichtungen [d. i. Heliotrope] ausführen lassen, die eigentlich zwei ganz verschiedene Instrumente sind und die nichts gemein haben als den letzten Zweck, nämlich das Sonnenlicht mit größter Schärfe, Sicherheit und Bequemlichkeit in jede verlangte Richtung zu reflektieren. [...] Ein großer Spiegel von 1 Quadratfuß Fläche, den ich vorigen Sommer des Telegraphierens wegen bei mir führte und als Vizeheliotrop gebrauchte, hat eine gewaltige Wirkung getan [...]; auf Entfernung von 12 ½ Meilen (vom Falkenberg bis Lichtenberg) hat er sich dem bloßen Auge prachtvoll gezeigt. [...] Mit ein paar Hundert solcher großen Spiegel, wie der oben erwähnte, würde ich mir zutrauen, Licht bis zum Monde zu bringen, was dort Augen von menschlicher Schärfe durch mittelmäßige Fernrohre gut sichtbar sein müßte und sich, wenn die Spiegel auf eine mäßige Fläche verteilt würden, dort oben wie ein schönes Sternchen ausnehmen müßte. Genau taktmäßig kadenzierte[2] Zeichen mit solchen Apparaten würden ohne Zweifel, wenn es Mondbewohner gibt, als Zeichen erkannt und vielleicht einmal erwidert werden.

1 Johann Wilhelm Pastorff (1767–1838), Landwirt bei Frankfurt/Oder; Liebhaberastronom.

2 Hier: im Takt gegebene.

71
An F. W. Bessel
Göttingen, 14. 3. 1824
Auwers 1880, S. 428–429

Glauben Sie nun aber ja nicht, daß ich Ihrem Briefe nicht Gewicht genug beilege, wenn ich Ihnen jetzt melde, daß ich wahrscheinlich jetzt mich in neue [geodätische] Messungsoperationen einlasse, die nicht unter einigen Jahren werden zu vollenden sein.[1] [...] Sie haben sich in mehreren Briefen so stark über den geringen Wert, welchen Sie auf die Resultate der Messungen legen, erklärt, mir gewissermaßen einen Vorwurf daraus gemacht, daß ich meine Zeit damit verliere, mir Glück gewünscht, daß der Zeitverlust vorbei sei. Großer Gott, wie falsch beurteilen Sie mich. Aber es ist mir zu viel daran gelegen, von *Ihnen* nicht falsch beurteilt zu werden, als daß ich nicht wünschen sollte, mich bei Ihnen zu rechtfertigen. Wahrlich, über die Sache selbst denke ich ebenso. Alle Messungen in der Welt wiegen nicht *ein* Theorem auf, wodurch die Wissenschaft der ewigen Wahrheiten wahrhaft weiter gebracht wird. Aber Sie sollen nicht über den absoluten, sondern über den relativen Wert urteilen. Einen *solchen* haben ohne Zweifel die Messungen, wodurch mein Dreieckssystem mit dem Krayenhoffschen[2] und dadurch mit den französischen und englischen verbunden werden soll. Und wie gering Sie auch diesen Wert anschlagen, in meinen Augen ist er doch höher als diejenigen Geschäfte, die dadurch unterbrochen werden. Ich bin ja *hier* so weit davon entfernt, Herr meiner Zeit zu sein. Ich muß sie teilen zwischen Kollegialesen (wogegen ich von jeher einen Widerwillen gehabt habe, der, wenn auch nicht entstanden, doch vergrößert ist durch das Gefühl, welches mich immer dabei begleitet, meine Zeit wegzuwerfen) und praktisch-astronomischen Arbeiten. [...] Was bleibt mir also für solche Arbeiten, auf die ich selbst einen höhern Wert legen könnte, als flüchtige *Nebenstunden*? Ein anderer Charakter als der meinige, weniger empfindlich für unangenehme Eindrücke, oder ich selbst, wenn manches andere anders wäre, als es ist, würde vielleicht auch solchen Nebenstunden noch mehr abgewinnen können, als ich es *im allgemeinen* kann. Wie die Sachen einmal liegen, darf ich eine Unternehmung nicht abweisen, die, obwohl mit tausend Beschwerden verbunden und vielleicht aufreibend auf meine Kräfte wirkend, doch reell nützlich ist, die freilich auch von anderen ausgeführt werden könnte, während ich selbst unter günstigeren Verhältnissen etwas besseres täte, allein die bestimmt, wenn ich sie nicht auf *mich* nehme, *gar nicht* zur Ausführung kommen würde; endlich, auch das darf ich Ihnen nicht verhehlen, eine Sache, die *in etwas* das Mißverhältnis ausgleicht, welches zwischen meiner Diensteinnahme – derselben anno 1824, wie sie 1810 unter Jérôme[3] festgesetzt wurde – und den Bedürfnissen einer zahlreichen Familie stattfindet. *1824*

Doch nun kein Wort mehr zu dieser *vertraulichen* Mitteilung, zu der ich genötigt war, weil es mir weh tat, von *Ihnen* falsch beurteilt zu werden.

1 Siehe in der Einführung.
2 Cornelis Rudolphus Theodorus Krayenhoff (1758–1840), niederländischer Militär-Geodät.
3 Unter Jérôme Bonaparte war 1810 Gauß' Jahresgehalt auf 1400 Ta-

ler festgesetzt worden. Die Messungen im Gelände brachten ihm Diäten von 5 Talern pro Tag. Erst Ende 1824 wurde sein Gehalt auf 2500 Taler je Jahr erhöht, um seinen drohenden Weggang nach Berlin zu verhindern. (Es war dies das höchste Gehalt, das in Göttingen gezahlt wurde.) Außerdem erhielt er 1825 zum Abschluß der Gradmessung eine einmalige Anerkennung von 1000 Talern (Gerardy 1977b, S. 363).

72

An H. C. Schumacher
Göttingen, 23. 12. 1824
Gerardy 1969, S. 40

[Die praktische Astronomie] und der Lehrstand sind ja jetzt in Europa fast das Einzige, wie ein Mathematiker, der keine eignen Mittel hat, seine Subsistenz sichern kann. Sie wissen, wie unsre Akademien jetzt beschaffen sind, und nur wenn er [Clausen][1] etwas *ganz* Eminentes leistete, wäre einige Hoffnung, daß er einmal in einer Akademie eine Versorgung finde, und *selbst* dann ist 99 gegen 1 zu wetten, daß das nicht glückt. Ob er nun einmal ein Professorenamt bekleiden kann, weiß ich nicht; Sie werden dies besser beurteilen können. Fürchten Sie aber, daß er auch dazu sich nicht eignet, so weiß ich nicht, ob er nicht am besten täte, irgend einen andern Beruf zu erwählen, z. B. als Militär oder sonst, und dann seine Muße nach Gefallen der Mathematik widmete. In der Tat, wenn man einmal einen Brotberuf dabei nötig hat, so ist es ziemlich einerlei, welcher es ist, ob man Anfängern das abc der Wissenschaften vorträgt oder Schuhe macht. Die Frage bleibt eigentlich nur, bei welcher Arbeit man die meiste und sorgenfreieste Zeit übrig behält.

1 Thomas Clausen (1801–1885), aus dem dänischen Nordschleswig stammender, von Gauß geschätzter Mathematiker und Astronom; zeitweilig Schumachers Assistent. Über sein wechselvolles Schicksal siehe Biermann 1964b.

73

An H. C. Schumacher
Göttingen, Jan. 1825
Peters 1860/65, 1, S. 427–429

Es ist übrigens wohl kaum nötig zu bemerken, daß ich immer sorgfältigst, ja ängstlich mich bemüht habe, durch die Durchhaue so geringen Schaden wie möglich zu verursachen. Ich habe keinen Durchhau machen lassen, der nicht einen wichtigen und notwendigen Zweck gehabt hätte, keinen, von dem ich nicht im voraus gewiß war, daß der beabsichtigte Zweck erreicht werden würde. In Fällen, wo hierüber noch ein Zweifel stattfinden konnte, der sich anderweitig entweder gar nicht heben ließ oder wo die sonstige Hebung solchen Zweifels bedeutend kostbarer gewesen wäre als der mögliche Schaden, wurde immer nur erst eine sehr schmale Öffnung gemacht und die Arbeit augenblicklich eingestellt, wenn sich die Unmöglichkeit, den Zweck zu erreichen, ergab. [...]

Wenn ich alle größeren und kleineren Durchhaue aus den Jahren 1821 bis 1824 zusammenzähle, von solchen, wo vielleicht ein Dutzend Bäume gefällt sind, bis zu den größten, so mögen etwa 16 oder 17 Durchhaue vorgekommen sein. Der allergrößte nach der Ausdehnung war im Becklinger Holz unweit der Straße von Bergen nach Soltau. Die ganze Länge hat, wenn ich nicht irre, fast eine halbe Stunde Weges[1] betragen, obgleich mit bedeutenden Unterbrechungen an kahlen oder niedriger liegenden Stellen. Es war königl[iche] Waldung, allein das Holz von keiner edlen Art, auch meistens haubar; es soll, wie ich höre, damals auch recht gut verkauft und daher der eigentliche Schaden nicht groß gewesen sein.

Die größte Geldentschädigung, die ich an Private oder vielmehr Dorf-Kommunen bezahlt habe, war im Friedländer Holz, um mir die südliche Meridianaussicht der Sternwarte zu öffnen; es waren viele hochstämmige, in gutem Wachstum befindliche Bäume (doch nicht einer ohne Not) gefällt, und die ganze Summe inkl[usive] Nebenkosten betrug ca. 100 Taler. Entschädigungen von 70, 60, 50 Talern etc. sind öfter vorgefallen. Ich glaube aber doch kaum, daß sämtliche vorgekommenen Geldentschädigungen sich viel über 400 Taler belaufen haben. Wie hoch die Schäden in königl[ichen] Forsten taxiert sind, ist mir nicht offiziell zur Kenntnis gekommen. Auf alle Fälle ist das Ganze bei einer so ausgedehnten Unternehmung gar kein Objekt, und nach den mir aus München früher mitgeteilten Nachrichten hat öfters *ein einziger Signalturm*, den man in Bayern baute, um sich über die Waldungen zu erheben, mehr, vielleicht doppelt mehr gekostet, als alle meine Durchhaue zusammen.[2]

1 Eine Wegstunde entsprach einer Landesmeile. Im Hannoverschen war eine halbe Stunde rd. 3,7 km.

2 Vgl. Text Nr. 68

74

An C. L. Gerling
Göttingen, 27. 1. 1825
Schaefer 1927, S. 312–314

Seit so sehr langer Zeit habe ich keine direkten Nachrichten von Ihnen, mein teurer Freund, daß ich eine wahre Sehnsucht fühle, bald

1824 einmal wieder etwas von Ihnen zu hören und mich selbst wieder in Ihr Andenken zurückzurufen.

Von mir selbst und den Meinigen kann ich, gottlob, manches Gute melden.

Ich selbst nebst meinem ältesten Sohn[1] bin fast ein Halbjahr von Göttingen abwesend gewesen, von Mitte Mai bis Ende Oktober. Bei meinen Messungsgeschäften habe ich mit großen Schwierigkeiten zu kämpfen gehabt, die teils das flache, waldige Terrain, teils die während eines großen Teils der Zeit mit Moorrauch gefüllte Atmosphäre herbeiführten. Es ist mir doch gelungen, ein gutes Dreiecksnetz bis Bremen und noch etwas N. W. darüber hinaus zu formieren. Von meinem äußersten Dreieckspunkt Galster Heide, 1 Meile N. W. von Osterholz, kann ich den äußersten Krayenhoffschen Dreieckspunkt Varel schon sehen. [...]

Meine Gesundheit war, teils bei heißem, schwülem Wetter, teils bei meinem Aufenthalt in Bremen, wo die Lebensweise ihr nicht zusagte, sehr heruntergekommen, hat sich aber in den beiden letzten Monaten beim Aufenthalt auf dem Lande (Osterholz, Gnarrenburg, Zeven, Linteloh, Barl) so sehr erholt, daß ich mit einem Gefühl von Wohlbefinden zu Hause kam, wie ich es seit vielen Jahren nicht gehabt hatte. In dem weichen Winter, der fast gar nicht ins Freie zu kommen verstattet, setze ich freilich den Gewinn zum Teil wieder zu. Mein ältester Sohn, der die ganze Kampagne mitgemacht hat, hatte alle Neigung zur Jurisprudenz, wenn er je welche gehabt hat, verloren und überraschte mich mit der Erklärung, daß sein sehnlichster Wunsch sei, ins Militär zu treten. Ich konnte dies Vorhaben durchaus nicht mißbilligen; er hat viel Lust und Talent zur praktischen Mathematik, aber nicht zu einem eigentlichen Stubengelehrten. Seit Anfang November ist er als Kadett bei unserem Artillerie-Korps in Hannover.

Wie sehr die Gesundheit meiner Frau[2] heruntergekommen war, wissen Sie anschaulicher als ich selbst. Ihre Schwäche stieg nach ihrer Zurückkunft von Ems[3] aufs Äußerste, allein eine Veränderung des Arztes hat Wunder getan. Durch Himlys[4] unermüdete Sorgfalt und Geschicklichkeit und bei meiner Zurückkunft fand ich sie viel besser, als ich sie im Frühjahr verlassen hatte. Die Besserung nahm nach und nach immer zu, so daß sie zuletzt schon zu Fuß einige Male in die Stadt ging. Allein gegen Ende des Jahres trat eine neue Gefahr ein. Meine drei jüngsten Kinder[5] wurden eines nach dem andern von den Masern befallen, und zuletzt auch meine Frau. Bei den Kindern war die Krankheit vergleichungsweise leicht; allein bei meiner Frau sehr schwer, und eine Zeitlang war sie in der größten Lebensgefahr. Auch aus dieser hat sie Himly gerettet, und sie erholt sich zusehends. Zwar darf sie das Zimmer noch nicht wieder verlassen, aber wenn es so fortschreitet, wird dieser Arrest nicht lange mehr dauern, und hoffentlich werden wir bald einmal die seit mehreren Jahren nicht gehabte Freude wieder haben können, eine kleine Gesellschaft in unserm Hause zu sehen. *1825*

Sie nahmen vor beinahe 2 Jahren freundschaftlichen Anteil an einem als nahe bevorstehenden Rufe nach Berlin, den die vorlaute Fama damals als schon erfolgt präkonisierte.[6] Schon 2 Jahre früher waren mir deshalb die ersten Eröffnungen gemacht. Ich habe mich dabei *lediglich* passiv verhalten, so sehr meine Lage einer Verbesserung bedürftig war. Allein so langsam verfuhr man in B[erlin], und so sehr hatte man *kleine* Hindernisse die Sache verzögern lassen, daß ich erst gegen die Mitte des Dezembers v.J. die Vokation wirklich erhielt, die ich ablehnen mußte, da ich *kurz vorher* von *unserer* Regierung eine sehr bedeutende Verbesserung meiner Lage mit ebensoviel Liberalität wie Delikatesse erhalten[7] und dankbar anerkannt habe. Ob die Sache einen andern Ausgang genommen hätte, wenn ich den Ruf nur wenige Wochen früher erhalten hätte, muß ich jetzt dahingestellt sein lassen; auch bitte ich, das Vorstehende nur wie eine vertrauliche Mitteilung zu betrachten, deren nähere Details sich nicht wohl für einen Brief eignen würden.

1 Joseph Gauß.
2 Minna Gauß, geb. Waldeck.
3 Wo Frau Gauß zur Kur geweilt hatte.
4 Karl Gustav Himly (1772–1837), Arzt und Professor der Ophthalmologie in Göttingen.
5 Eugen, Wilhelm und Therese Gauß.
6 Verkündete.
7 Vgl. Text Nr. 71, Anm. 3.

75
An J. F. Pfaff
Göttingen, 21.3.1825
Pfaff 1853, S. 277

Im nächsten Sommer werden mich meine Dreiecksmessungen wieder von Göttingen entfernen; ich habe noch ein Dreiecksnetz von Bremen bis Ostfriesland, die Nordsee und Helgoland zu führen. Ich wünsche sehr, alle Arbeiten dieser Art, die noch rückständig sind, in einem Stück zu vollenden[1], um dann die Lebensjahre, die der Himmel mir noch schenken wird, ungestört auf Arbeiten im Studierzimmer verwenden zu können.

1 Nachdem Gauß 1827 die astronomischen Messungen des Breitenun-

terschiedes zwischen den Sternwarten in Göttingen und Altona durchgeführt hatte, hat er an den geodätischen *Feldarbeiten* der sich anschließenden Landesvermessung Hannovers nicht mehr teilgenommen; siehe in der Einführung.

76

An H. C. Schumacher

Zeven, 25. 4. 1825

Peters 1860/65, 2, S. 12–13

Da auf diesem Platz (Brüttendorf)[1] nur noch für 1–2 Tage zu tun war, so ist mein Instrumentenwagen gleich hierher gefahren, und ich nahm daher die nötigen Instrumente in meinem Wagen mit; allein beim Zurückfahren hatte ich den Unfall, zum erstenmal in meinem Leben, umgeworfen zu werden. Ein Kasten fiel mir auf den Schenkel, der andere auf den Leib, von jenem erhielt ich nur eine leichte Kontusion.[2] Ob ein Schmerz, den ich in der Seite fühle, eine Folge von diesem ist, weiß ich noch nicht. Ich bitte Sie, von diesem Vorfall gegen *niemand* etwas zu erwähnen.[3] Hätte der Wagen im Augenblick des Umwerfens anstatt langsam schnell gefahren, so würden Sie mich schwerlich lebend wiedergesehen haben.[4]

1 Nordöstlich von Bremen bei Zeven, wo Gauß gerade zur Fortsetzung seiner geodätischen Messungen, von Hannover kommend, eingetroffen war.
2 Quetschung.
3 Gauß selbst teilte auch Olbers sein Mißgeschick mit (Schilling 1900/09, 2, S. 394).
4 Die Schmerzen verloren sich nach ganz kurzer Zeit.

77

An Caroline Herschel[1]

Göttingen, 28. 9. 1825

Herschel 1877, S. 228

Ich kann gar nicht aussprechen, wie glücklich mich die persönliche Bekanntschaft[2] mit einer Frau gemacht hat, deren seltner Eifer und hervorragende Begabung für die Wissenschaft mit gleicher Liebenswürdigkeit des Charaktes gepaart sind, und gebe mich der schmeichelhaften Hoffnung hin, daß mir, wenn ich wieder einmal nach Hannover komme, die Erlaubnis zuteil wird, persönlich die Versicherung der hohen Achtung zu wiederholen, mit der ich bin [...]

Carl Friedrich Gauß

1 Caroline Herschel (1750–1848), aus Hannover stammende Astronomin, lebte mit ihrem Bruder, dem berühmten Astronomen Wilhelm

(William) Herschel, in England und ging im Alter nach Hannover zurück. Gauß stand auch mit ihrem Neffen Sir John Herschel (1792 bis 1871), gleichfalls ein hervorragender Astronom, in Verbindung; vgl. Text Nr. 120.

2 Gauß hatte Caroline Herschel 1825 (wohl um den 20. April auf der Hinreise zu seinen Vermessungsarbeiten dieses Jahres) in Hannover besucht und ihr »damit endlich den Wunsch erfüllt, den Mann zu sehen, von dem« ihr »verewigter Bruder so oft in Ausdrücken der höchsten Verehrung sprach« (Caroline Herschel an Gauß, 8.9.1825; Herschel 1877, S. 223).

78

An H.C. Schumacher
Göttingen, 8.8.1840
Peters 1860/65, 3, S. 395

Eine eigentliche Seereise habe ich zwar nicht gemacht, doch eine Überfahrt von 1–2 Meilen nach Wangerooge (1825)[1], wo viele der andern Passagiere sehr seekrank wurden, mir hingegen das Schaukeln eine überaus behagliche Empfindung machte, welchem Schaukeln ich mich damals, mich nur an einem Taue haltend, mit absonderlichem Genuß überließ.

1 Wohl am 19.7.1825.

79

An C.L. Gerling
Göttingen, 5.11.1825
Schaefer 1927, S. 316–318

Wir reisten, als wir Marburg verlassen hatten [24. August],[1] nach zwei Nachtquartieren in Friedberg und Darmstadt, nach Mannheim. In Darmstadt hatte ich das Vergnügen, die Bekanntschaft des Hrn. Eckhardt[2] zu erneuern. Er sagte mir, daß er 3 Heliotrope nach den Ihrigen habe anfertigen lassen und solche bei seinen Messungen gebrauche. In Mannheim hatten wir anderthalb Tage. Es war mir sehr angenehm, Nicolai wiederzusehen und seine Familie und die Sternwarte kennenzulernen. [...] Das Bad in Baden wollte meiner Frau nicht bekommen, unser Aufenthalt hat daher dort nicht lange gedauert; wir entschlossen uns, die Rückreise nicht, wie wir anfangs wollten, über Mainz, Koblenz usw., sondern östlich zu machen. Wir reisten also über den Schwarzwald durch das schöne Murgtal nach Tübingen und von da über Stuttgart, Heilbronn, Würzburg, Gotha und Eisenach hierher zurück; ich hatte dabei das Vergnügen, Bohnenberger[3] und Wurm[4] persönlich kennenzulernen und Lindenau und Hansen[5] wiederzusehen; Encke war schon abgereist.[6] Die ganze Reise war eigentlich für die Zeit, die wir darauf

1825 wenden konnten, und die doch einen Monat betrug, etwas zu weit, so daß wir an den verschiedenen Orten nicht so lange verweilen durften, wie zu wünschen gewesen wäre; indessen haben wir doch mannigfaltigen Genuß gehabt, und im allgemeinen scheint die Reise, obwohl wir uns anfangs davon eher angegriffen fühlten, doch nicht übel auf unsere Gesundheit gewirkt zu haben. Sehr rege geworden ist mir aber der Wunsch, in Zukunft einmal in Ihrer schönen Gegend ein wenig länger verweilen zu können.

Ich habe seit meiner Zurückkunft angefangen, etwas über die Anordnung der Materialien zu dem größeren Werke, welches ich über höhere Geodäsie vorhabe, nachzudenken und einiges Einzelne niederzuschreiben.[7] Leider zeigt sich aber dabei die Notwendigkeit, *sehr weit* auszuholen. Die allgemeinen Untersuchungen über die krummen Flächen, die untereinander innig zusammenhängen, wachsen immer mehr an, und es zeigt sich, daß die Entwicklung meiner Behandlung selbst eine neue Bearbeitung mancher gewissermaßen elementarischer Materien voraussetzt. Es scheint fast, daß die Masse so unförmlich wird, daß vieles davon vorher abgetrennt werden muß. [...]

[...] ich gestehe, daß die Beantwortung mancher einfacher Fragen, Beweise von manchen Sätzen, die von selbst evident erscheinen und es durchaus *nicht sind*, erst viel Kopfbrechens [!] gekostet hat, obgleich ich jetzt mit den meisten Sachen ziemlich im klaren bin und obgleich man [ihnen] zuletzt, wenn sie vorgetragen werden, die Mühe nicht ansehen wird, die sie gekostet haben.

1 Gauß begleitete nach Abschluß seiner diesjährigen Vermessungsarbeiten seine Frau Minna, geb. Waldeck, nach Baden-Baden, wo letztere eine Badekur machen sollte. Sie reisten am 21.8.1825 von Göttingen ab und besuchten zuerst Gerling in Marburg.

2 Christian Leonhard Philipp Eckhardt (1783–1866), Oberfinanzrat und Geodät.

3 Johann Gottlieb Friedrich Bohnenberger (1765–1831), von Gauß geschätzter württembergischer Geodät; Professor in Tübingen.

4 Johann Friedrich Wurm (1760–1833), Pädagoge und Astronom in Stuttgart.

5 Peter Andreas Hansen (1795–1874), aus dem dänischen Nordschleswig stammender Astronom. Ursprünglich Uhrmacher, dann Schumachers Assistent, 1825 Nachfolger Enckes als Direktor der Sternwarte auf dem Seeberg bei Gotha.

6 Nach Berlin, wohin er berufen worden war.

7 Das Werk ist nicht geschrieben worden; Gauß hat nur Teildarstellungen (»Untersuchungen über Gegenstände der höhern Geodäsie«) publiziert: Gauß 1863/1933, 4, S. 259–340, 347–356. Seine Koordinatenrechnung ist aus brieflichen Mitteilungen und aus dem Nachlaß rekonstruiert und erweitert worden.

80

An H.C. Schumacher
Göttingen, 21.11.1825
Peters 1860/65, 2, S. 37

Der Wunsch, den ich immer bei meinen Arbeiten gehabt habe,[1] ihnen eine solche Vollendung zu geben, ut nihil amplius desiderari possit,[2] erschwert sie mir freilich außerordentlich, ebenso wie die Notwendigkeit, heterogener Sachen wegen oft davon abspringen zu müssen. Wenn ich meinen Kopf voll davon habe, stellen Sie sich schwerlich vor, wie angreifend es manchmal für mich ist, vormittags nach einer schlaflosen Nacht, die ich leider jetzt häufig habe, mich mit Frische in die Sachen hineinzudenken, die ich meinen Zuhörern vorzutragen habe, und nachher wieder mit Lebendigkeit gleich wieder in meinen Meditationen zu Hause zu sein.

1 Diesen Bemerkungen gehen Ausführungen voran, die das am Ende von Text Nr. 79 genannte Projekt eines Werks über höhere Geodäsie, worin auch topologische Fragen behandelt werden sollten, betreffen. Auch Olbers gegenüber hat sich Gauß über seinen Plan entsprechend geäußert (Schilling 1900/09, 2, S. 429).
2 Daß weiter nichts gewünscht werden kann.

81

An H.C. Schumacher
Göttingen, 12.2.1826
Peters 1860/65, 2, S. 45–46

Ich habe kaum während einer Periode meines Lebens so angestrengt gearbeitet[1] und doch vergleichungsweise so wenig reinen Ertrag produziert wie in diesem Winter. So geht es aber oft bei mathematischen Anstrengungen, wo nicht das Arbeiten wie das Verfertigen eines Schuhes über einen gegebenen Leisten vollendet werden kann. Ich habe mich zuweilen in diesem Winter Wochen lang, Monate lang mit einer Aufgabe beschäftigt, ohne sie zu meiner Zufriedenheit lösen zu können. Ich war etwas verwundert über Ihre Äußerung, als ob mein Fehler darin bestehe, die Materie zu sehr der vollendeten Form hintanzusetzen.[2] Ich habe während meines ganzen wissenschaftlichen Lebens immer das Gefühl gerade vom Gegenteil gehabt, d.i. ich fühle, daß oft die Form vollendeter hätte sein können und daß darin Nachlässigkeiten zurückgeblieben sind. Denn so werden Sie es doch nicht verstehen, als ob ich *mehr für die Wissenschaft leisten würde*, wenn ich mich mehr damit begnügte, einzelne Mauersteine, Ziegel etc. zu liefern, anstatt eines Gebäudes, sei es nur ein Tempel oder eine Hütte, da gewissermaßen doch das Gebäude auch nur Form der Backsteine ist. Aber ungern stelle ich ein Gebäude auf, worin Hauptteile fehlen, wenngleich ich wenig auf den äußern Aufputz gebe. [...] Höchst drückend aber fühle ich bei schleunigen Arbeiten meine äußeren Verhältnisse, und das Kollegienlesen ist z. B. in diesem Winter unbeschreiblich angreifend für mich gewesen, und Dinge, die an sich leicht sind, werden mir dabei oft sehr schwer.

1 Siehe Text Nr. 80, Anm. 1.
2 Im Brief vom 2. 12. 1825 (Peters 1860/65, 2, S. 41).

82

An F. W. Bessel
Göttingen, 12. 3. 1826
Auwers 1880, S. 457–458

Den größten Teil des vorigen Sommers habe ich im Bremischen und Oldenburgischen mit meinen Messungen zugebracht; gegen den Herbst machte ich noch mit meiner Frau eine Reise in's südliche Deutschland nach Baden-Baden und hernach über Tübingen, Stuttgart, Würzburg, Gotha zurück.[1] In Beziehung auf meine *eigene* Gesundheit zweifle ich, daß diese Reise – der Spätsommer war übermäßig heiß – wohltätig gewirkt hat. Ich habe wenigstens während des ganzen Winters immerwährend gekränkelt. Was meine Messungen betrifft, so habe ich deren trigonometrischen Teil, wenigstens dem Buchstaben nach[2], vollendet [...]

So deutlich ich einsehe, daß bei dem Gange, den damals die Berliner Angelegenheit[3] nahm, der Erfolg kein anderer sein *konnte* als der, der stattgefunden hat, so fühle ich doch oft ebenso lebhaft, im engsten Vertrauen gesagt, daß ein anderer Erfolg meinen Arbeiten günstiger hätte sein können. Ich weiß nicht, ob meine Kränklichkeit dazu beigetragen hat, aber nie habe ich schmerzhafter die Zerstükkelung meiner Zeit gefühlt als im verflossenen Winter: Wenn ich meinen Kopf voll von theoretischen Untersuchungen habe, spannt mich immer das Heranrücken der Stunden, wo ich Kollegia zu lesen habe, auf die Tortur, und das Abspringen in den Ideen macht mir dann zuweilen die an sich erbärmlichsten Dinge unbeschreiblich schwer und angreifend. Ich habe viel Schönes gefunden, aber mitunter Monate lang auf einem Problem vergeblich zugebracht. *Einheit* in den Arbeiten wäre mir das wohltätigste gewesen; aber meine ganze Stellung im Leben müßte eine andere sein, wenn ich je hoffen sollte, diese zu erreichen.

1 Vgl. Text Nr. 79.
2 Vgl. Text Nr. 75, Anm. 1.

3 Alexander von Humboldt äußerte sich Anfang Juni 1855 so: »Die 4-jährige Berufungsgeschichte von Gauß [nach Berlin] 1821–1825 ist ekelhaft und rein deutsch. [...] Entschlußunfähigkeit charakterisiert deutsche Ministerien« (Biermann 1982, S. 123). Die zögerliche und halbherzige Behandlung in Berlin setzte die Regierung in Hannover in die Lage, durch eine Gehaltserhöhung um fast 80% (vgl. Text Nr. 71, Anm. 3) für das Verbleiben von Gauß in Göttingen zu sorgen.

83
An P. G. L. Dirichlet[1]
Göttingen, 13. 9. 1826
Gauß 1863/1933, 2, S. 515

Es ist mir eine um so erfreulichere Erscheinung, daß Sie mit großer Neigung demjenigen Teile der Mathematik anhängen, der von jeher mein Lieblingsstudium gewesen ist,[2] je seltener dieselbe ist. Ich wünsche Ihnen herzlich eine äußere Lage, wo Sie soviel als möglich Herr Ihrer Zeit und der Wahl Ihrer Arbeiten bleiben. Ich selbst wurde gleich nach dem Erscheinen meiner Disquisitiones[3] durch andersartige Beschäftigungen und später durch meine äußern Verhältnisse sehr gehindert, meiner Neigung in dem Maße nachzuhängen, wie ich gewünscht hätte. Anstatt eines zweiten Teils jenes Werks, den ich früher beabsichtigte, werde ich mich aller Wahrscheinlichkeit nach darauf beschränken müssen, von Zeit zu Zeit ein Memoire über einen einzelnen Gegenstand zu liefern.

1 Peter Gustav Lejeune Dirichlet (1805–1859), aus Düren bei Aachen stammender Mathematiker, seit 1828 Professor in Berlin, wurde 1855 Gauß' Nachfolger in Göttingen.
2 Die Zahlentheorie.
3 Siehe die Einführung, Anm. 24.

84
An F. W. Bessel
Göttingen, 30. 3. 1828
Auwers 1880, S. 477

Zur Ausarbeitung meiner seit vielen Jahren (1798) angestellten Untersuchungen über die transzendenten Funktionen werde ich vorerst wohl noch nicht kommen können, da erst noch mit manchen anderen Dingen aufgeräumt werden muß. Herr Abel[1] ist mir, wie ich sehe, jetzt zuvorgekommen und überhebt mich in Beziehung auf etwa ein Drittel dieser Sachen der Mühe, zumal, da er alle Entwikkelungen mit vieler Eleganz und Konzision[2] gemacht hat. Er hat gerade denselben Weg genommen, welchen ich 1798 einschlug, daher die große Übereinstimmung der Resultate nicht zu verwundern ist. Zu meiner Bewunderung erstreckt sich dies sogar auf die Form und zum Teil auf die Wahl der Zeichen, so daß manche seiner Formeln wie eine *reine Abschrift* der meinigen erscheinen. Jeder Mißdeutung zuvorzukommen, bemerke ich jedoch, daß ich mich nicht erinnere, von diesen Sachen irgend jemand etwas mitgeteilt zu haben.

1 Niels Henrik Abel (1802–1829), jung verstorbener norwegischer Mathematiker, der bedeutende Beiträge zur Entwicklung der Funktionentheorie leistete. Zu einer persönlichen Bekanntschaft mit Gauß kam es nicht, da Abel 1826 auf dem Wege nach und von Paris nicht über Göttingen reiste.
2 Bündigkeit.

85
An A. von Humboldt
Göttingen, 11.8.1828
Biermann 1977a, S. 33

Nichts hätte mir angenehmer sein können als die freundliche Einladung,[1] womit Sie, mein höchstverehrter Gönner und Freund, das Zirkular zur Teilnahme an der diesjährigen Versammlung der Naturforscher in Berlin[2] begleitet haben, und auf die mich schon vor mehreren Wochen der Hauptmann Müller vorbereitet hatte.[3] Schon lange war es mein sehnlicher Wunsch, Berlin und vor allem Sie in Berlin zu sehen.[4]

1 Biermann 1977a, S. 32.
2 Die VII. Versammlung deutscher Naturforscher und Ärzte.
3 Brief G. W. Müllers an Gauß vom 23.6.1828 (Gerardy 1959b, S. 64, Anm. 1).
4 Gauß wollte auch sondieren, ob nicht doch ein akzeptabler Ruf nach Berlin zu erreichen sei, weil dort für seine Söhne ein besseres Fortkommen als in Hannover zu erwarten war. Die erneuten Versuche, Gauß nach Berlin zu holen, dauerten bis 1836, blieben aber ungeachtet der aktiven Teilnahme A. v. Humboldts ohne Resultat.

86
Zu A. von Chamisso[1]
Berlin, um den 20.9.1828
Chamisso 1910, 3, S. 83

Chamisso erinnert sich:

Gauß aus Göttingen zuerst fragte mich im Herbst 1828 zu Berlin,[2] und die Frage ist seither wiederholt an mich gerichtet worden: ob es möglich sein werde oder nicht, die geodätischen Arbeiten und die Triangulierung von der asiatischen nach der amerikanischen Küste über die [Bering-]Straße hinaus fortzusetzen? Diese Frage muß ich einfach bejahend beantworten. Beide Pfeiler des Wassertores sind hohe Berge, die in Sicht voneinander liegen, steil vom Meer ansteigend auf der asiatischen Seite, und auf der amerikanischen den Fuß von einer angeschlemmten Niederung umsäumt. *1828*

1 Adelbert von Chamisso (1781–1838), aus Frankreich stammender, in Berlin lebender Dichter und Botaniker, nahm 1815–1818 an der russischen Weltumseglung Otto von Kotzebues (1787–1846) teil.
2 Während der im Text Nr. 85 erwähnten Versammlung.

87
An A. von Humboldt
Göttingen, 12. 10. 1828
Biermann 1977a, S. 37–40

Sie haben mir, mein verehrtester Freund, meinen Aufenthalt in Berlin mit so großer Güte in jeder Beziehung so genußreich und lehrreich gemacht, daß ich meine Dankbarkeit mit Worten nicht ausdrücken kann.[1] Ich zähle diese mir unvergeßlichen Tage zu den glücklichsten meines Lebens. [...] mir erhalten Sie Ihr freundschaftliches Wohlwollen, welches ich zu meinen teuersten Gütern zähle.

Ewig von Herzen der Ihrige C. F. Gauß

1 Gauß hatte während der im Text Nr. 85 erwähnten Versammlung als Gast A. v. Humboldts vom 14. 9. bis zum 3. 10. 1828 in dessen Berliner Wohnung gelebt.

88
An C. L. Gerling
Göttingen, 18. 12. 1828
Schaefer 1927, S. 328–329

Im vorigen Frühjahr erhielt ich den Auftrag, meine früheren Messungen noch über die übrigen Teile des Königreichs auszudehnen und sie zur Grundlage für Detailaufnahmen derjenigen Landesteile zu machen, wovon dergleichen noch nicht vorhanden sind.[1] Einige Monate des verwichenen Sommers hindurch sind zu diesem Zweck Messungen (zweiten und dritten Ranges) im Hildesheimschen, dem Amt Hunnersrück und dem Eichsfeld gemacht, an welchen ich jedoch unmittelbar nur einen oder ein paar Tage teilgenommen habe, um einen Angelpunkt derselben scharf festzulegen. Dagegen hat mir die Verarbeitung dieser Messungen bisher ungemein viel Zeit gekostet, so daß ich, da ich in diesem Winter noch zwei Privatissima lese[2], seit meiner Rückkehr von Berlin zu wissenschaftlichen Arbeiten nicht die geringste Zeit übrig behalten habe. [...] In Zukunft werde ich doch suchen müssen, hierunter andere Einrichtun-

1829 gen zu treffen, obwohl es schwer ist, dabei bedeutende nachhaltige Hilfe zu finden, wenn diejenigen, die sie leisten sollen, erst selbst ganz unterrichtet werden müssen.

Dann bin ich auch zum Mitgliede einer niedergesetzten Kommission zur Regulierung des Maßwesens[3] ernannt; es ist mir aber bisher nicht möglich gewesen, von ca. ½ Zentner Akten, die darauf Bezug haben und mir zugesandt sind, mehr als einen kleinen Teil durchzusehen. [...]

Meine Reise nach Berlin, wo ich fast drei Wochen Hausgenosse des unvergleichlichen Humboldt war[4], hat mir in jeder Beziehung reichen Genuß gewährt. Man lebt in Berlin sehr angenehm. Der Abstich gegen das stille Leben in G[öttingen] ist sehr groß. Es ist für den Geist fast wie der Übertritt aus atmosphärischer Luft in Sauerstoffgas. Unser Freund Encke hat dort eine sehr angenehme Situation.

Mein ältester Sohn[5], seit August v[origen] J[ahres] Leutnant, ist gern in seiner Lage. Mein zweiter Sohn[6] wird vermutlich schon nächste Ostern seine Studien anfangen und vielleicht einmal in die großväterlichen Fußtapfen[7] treten: er denkt, sich zu einem juristischen Dozenten zu bestimmen. Mein jüngster Sohn[8] will Landwirt werden. So gäbe ich denn dem Wehr-, Lehr- und Nährstande jedem einen Sohn.

Mit der Gesundheit meiner Frau[9] ist's noch immer beim alten. Im vorigen Sommer glaubte sie, sich die Kräfte zu einer Reise nach Celle zutrauen zu dürfen; die Reise hat aber sehr übel auf ihre Gesundheit gewirkt.

1 Es handelte sich um die sogenannte Landesvermessung (1828 bis 1844); siehe in der Einführung.
2 Vorlesungen vor einem kleinen Kreis von Studenten.
3 In Hannover.
4 Siehe Texte Nr. 85 und 87.
5 Joseph Gauß.
6 Eugen Gauß.
7 Johann Peter Waldeck war, wie erwähnt, Professor der Rechtswissenschaften in Göttingen.
8 Wilhelm Gauß.
9 Minna Gauß, geb. Waldeck.

89
Zu A. Quetelet[1]
Göttingen, 1.9.1829

Biermann 1969b, S. 4–5

Quetelet berichtet über sein Zusammentreffen mit Gauß auf einer Studienreise durch Deutschland, die ihn zuvor u.a. nach Weimar zur Teilnahme an der Feier von Goethes 80. Geburtstag am 28. 8. 1829 geführt hatte: *1829*

Ich begab mich [...] sogleich nach unserer Ankunft zu jenem Gebäude [der Sternwarte]. Auf dem Wege hatte ich das Glück, Herrn Gauß zu treffen und ihn nach einem Porträt zu erkennen, das ich einige Monate zuvor gesehen hatte. Ich hatte das Vergnügen, diesen hervorragenden Geometer über seine wissenschaftlichen Arbeiten und die Werke sprechen zu hören, deren Veröffentlichung er vorbereitet. Eines von denen, die unverzüglich erscheinen werden, betrifft die mathematische Theorie der Kapillarwirkungen[2]; es wird für die gelehrte Welt interessant sein, die einander gegenüber zu sehen, denen man den Beinamen des französischen Newton[3] und des deutschen Archimedes[4] beigelegt hat. Herr Gauß hat die Theorie der Kapillarwirkungen in Form einer Analyse und der ihm eigentümlichen Betrachtungsweise wieder aufgegriffen; er gelangt auf dem Wege, den er eingeschlagen hat, dazu, die Ergebnisse des französischen Geometers[5] zu prüfen, und zur Widerlegung dort gemachter Behauptungen. Gleichzeitig legt er viele neue Resultate vor, die das Feld der Wissenschaft erweitern. Herr Gauß besitzt auch eine unveröffentlichte Arbeit über die Analysis und insbesondere über elliptische Funktionen [...] Was ihn daran hindert, die bedeutenden Resultate, die er besitzt, zu ordnen und zu veröffentlichen, rührt vor allem aus der Vielzahl der Arbeiten her, die ihm die unter seiner Leitung stehende Vermessung von Hannover, die Vorlesungen als Universitätsprofessor wie auch die astronomischen Beobachtungen auferlegen, speziell die der kleinen Planeten, deren Theorie ihn schon lange beschäftigt. Ich verdanke der Gefälligkeit dieses großen Mathematikers ein Exemplar der Disquisitiones generales circa superficies curvas[6], die im letzten Jahr in Göttingen erschienen sind, sowie ein Exemplar eines schönen, heute sehr selten gewordenen Werks, das 1799 in Helmstedt erschienen ist: Demonstratio nova theorematis omnem functionem algebraicam rationalem integram unius variabilis in factores reales primi vel secundi gradus resolvi posse.[7] Ich schulde ihm nicht weniger Erkenntlichkeit für die Güte, mit der er mir die schönen Instrumente gezeigt hat, die er benutzt, und für den Anteil, den er so freundlich an den Messungen der magnetischen Intensität genommen hat, die ich im Garten der Sternwarte angestellt habe. Die nahezu vollständige Übereinstimmung unserer Ergebnisse war mir um so angenehmer, als wir gleichzeitig beobachtet haben, aber jeder nach einer etwas anderen Methode.

1 Adolphe Quetelet (1796–1874), belgischer Astronom, Mathematiker, Physiker und Statistiker; vgl. Biermann 1970.
2 Principia generalia Theoriae figurae Fluidorum in Statu Aequilibrii (Allgemeine Grundlagen einer Theorie der Gestalt von Flüssigkeiten im Zustand des Gleichgewichts): Gauß 1863/1933, 5, S. 29–77.
3 Das ist Laplace.
4 Gemeint ist Gauß. – Archimedes (287–212 v. u. Z.), hervorragender griechischer Mathematiker.
5 Laplace.
6 Allgemeine Flächentheorie (Gauß 1863/1933, 4, S. 217–258).
7 Die Doktor-Dissertation von Gauß; siehe Text Nr. 23, Anm. 4.

90

An H. Ewald
Göttingen, 18. 2. 1830
Zimmermann 1921, S. 761

Hochgeschätzter Herr Professor!

Auf Ihre geehrte Zuschrift fühle ich mich verpflichtet, eine offene, unumwundene Erwiderung zu geben.

Alles, was ich von Ihnen weiß, hat Ihnen nur meine aufrichtige Hochachtung zuwenden können und gibt mir eine Bürgschaft, daß der Vater das Glück des geliebten Kindes[1] mit Vertrauen in Ihre Hände legen könnte. Von meiner Seite steht sonach Ihren Wünschen nichts entgegen, ebensowenig wie von Seiten meiner Frau[2], die der früh Verwaisten ihren Verlust so mütterlich ersetzt hat, und ich nehme daher keinen Anstand, meine Tochter von Ihren Wünschen in Kenntnis zu setzen.

Je mehr mir indes das Glück meiner Tochter am Herzen liegt, desto weniger würde ich mir verzeihen können, auch nur auf die leiseste Art in die Entscheidung einzugreifen, die lediglich von ihrer freien, ganz aus ihrem Innern hervorgehenden Entschließung abhängen muß.

Vergönnen Sie daher, hochgeschätzter Herr Professor, meiner Tochter nur eine kurze Frist, sich zu einer Entschließung in der ernstesten, wichtigsten Lebensangelegenheit zu sammeln. Ihr kindlich-offenes, spiegelklares Gemüt, dem alles gezwungene Wesen fremd ist, wird Sie nicht lange in Ungewißheit lassen. Ohne dem Resultate vorgreifen zu können, bin ich wenigstens gewiß, daß sie jedenfalls das Ehrende Ihres Vertrauens dankbar erkennen wird, so wie ich – der Erfolg sei, welcher er wolle – Ihnen stets die Hochachtung bewahren werde, mit der ich verharre

Ihr ergebenster C. F. Gauß

1 Gauß' Tochter Minna. Sie nahm den Heiratsantrag des 26jährigen Professors Ewald, auf den Gauß hier antwortet, an. Der Verlobung Ende Februar 1830 folgte am 15.9.1830 die Eheschließung.

2 Minna Gauß, geb. Waldeck.

91
An W. Olbers
Göttingen, 24.12.1830

Schilling 1900/09, 2, S. 563–564

Wie gern folgte ich Ihrer gütigen Einladung[1], um an der Feier des 28. Dez.[2] teilzunehmen, allein der traurige Gesundheitszustand meiner Frau[3] verstattet mir keine Entfernung. Aber in Gedanken werde ich gegenwärtig sein, und keine Glückwünsche können herzlicher und keine Wünsche, daß Sie noch eine lange Reihe glücklicher Jahre Ihren Verehrern erhalten werden, heißer sein als die meinigen.

1 Vom 19.12.1830 (Schilling 1900/09, 2, S. 563).

2 Am 28.12.1830 beging Olbers den 50. Jahrestag seiner Promotion zum Dr. med. durch die Universität Göttingen, die aus diesem Anlaß unter tätiger Mitwirkung von Gauß das Doktor-Diplom von Olbers erneuerte.

3 Minna Gauß, geb. Waldeck.

92
An C. L. Gerling
Göttingen, 16.9.1831

Schaefer 1927, S. 376

Mein teurer Gerling!

Was so lange drohend mir bevorstand, ist nun auch hereingetreten. Am 12., abends 11 Uhr, hat die arme Dulderin[1] sich von den Lebensqualen losgerungen, die für sie seit so vielen Jahren so unbeschreiblich groß waren, und heute haben sie ihre irdischen Überreste der Erde übergeben.

Recht bewährt sich in diesen Schmerzenstagen, welche Schätze ich in meinen Töchtern habe; von der ältern[2] wissen Sie dies selbst schon längst, aber auch Therese ist ein herrliches Wesen, sie hat ungemein viel in der Pflege der Mutter geleistet, und ihre Gegenwart bei mir übt immer eine wie wunderbar beruhigende Kraft aus.

1 Minna Gauß, geb. Waldeck.

2 Minna Ewald.

93

An H. C. Schumacher

Göttingen, 24. 9. 1831

Peters 1860/65, 2, S. 282;

2. Absatz: Gerardy 1969, S. 60

Schon vor acht Tagen ist die sterbliche Hülle, welche eine Hauptquelle der unbeschreiblichen Leiden der armen Dulderin[1] war, der Erde zurückgegeben, und noch immer kann ich keinen Augenblick ohne die innerste Erschütterung an diese Leiden denken. Früher konnte ich Ihnen nicht schreiben. Mit der Zeit wird ja endlich über das Gefühl der Zuspruch der Vernunft Platz gewinnen, daß ihr, wie allen, Glück zu wünschen ist, von einem Schauplatze geschieden zu sein, wo die Freuden flüchtig und nichtig, die Leiden, Fehlschlagungen und schmerzlichen Täuschungen die Grundfarbe sind. Wie sehr sehnte auch ich mich, davon abtreten zu können, wenn nicht so vielfache Bande mich fesselten. [...]

Verlassen bin ich nicht. Meine *beiden* Töchter[2] sind herrliche Wesen und wahre Stützen für mich. Mein jüngster Sohn[3], der vor einigen Tagen hier angekommen ist, ist auch ein guter Junge, dessen Zukunft mir jedoch mehr Sorge macht. Von dem zweiten darf ich leider nur schweigen.[4] Den ältesten,[5] an dem ich viele Freude habe, kennen Sie; ich erwarte ihn auch in einigen Wochen hier.

1 Minna Gauß, geb. Waldeck. Siehe Text Nr. 92.
2 Minna Ewald und Therese Gauß.
3 Wilhelm Gauß.
4 Eugen Gauß, der Anfang Juli nach einer Auseinandersetzung mit dem Vater über seinen Lebenswandel und vor allem seine Schulden Göttingen mit unbekanntem Ziel verlassen hatte. Er wurde in Nienburg an der Weser aufgefunden. Gauß ließ ihn von Bremen in die USA auswandern; vgl. auch in der Einführung.
5 Joseph Gauß.

94

An C. L. Gerling

Göttingen, 13. 11. 1831

Schaefer 1927, S. 377–378

Ja, ich lebe noch, und ich würde mich vielleicht auch körperlich gesund nennen müssen, da ich weiter keine bestimmte Beschwerde zu führen habe als über Schlaflosigkeit und Abspannung, die beide ihren Grund mehr außer als in dem Körper haben mögen. Aber, lieber Gerling, unbeschreiblich niedergebeugt fühle ich mich durch alle die Stürme, die mich seit 1 ½ Jahren getroffen und an meinem innersten Lebensmark gezehrt haben. Lebensfreudigkeit und Lebensmut waren schon lange von mir gewichen, und ich weiß nicht, ob sie je wiederkehren werden. Was mich so schwer drückt, ist das Verhältnis zu dem Taugenichts in A[merika][1], der meinen Namen entehrt. [...] Versagen Sie, lieber Gerling, mir Ihren Rat nicht.[2] Sie haben *überhaupt* schon einen sicherern Blick in Lebensverhältnissen als ich, wieviel mehr also unter allen gegenwärtigen Umständen.

Auch mein jüngster Sohn[3] macht mir Sorgen, obwohl von ganz anderer Art. Er ist solide, gern tätig und liebt sein Fach sehr. Er ist eben einen Monat lang hier gewesen. Meine Sorge ist also nur, daß er nächste Ostern, wenn er seine bisherige Stellung verläßt (wo er dann zwei Jahre behufs Erlernung der Ökonomie[4] zugebracht hat), auf eine weiterer Ausbildung recht förderliche Art wieder untergebracht werde.

1 Eugen Gauß. Siehe Text Nr. 93, Anm. 4.
2 Gerling entsprach Gauß' Bitte am 21.11.1831 (Gerardy 1964, S. 27 bis 30) und schlug ihm vor, was er Eugen antworten solle, der seinen Vater gebeten hatte, ihm dabei behilflich zu sein, seine Anwerbung als Soldat rückgängig zu machen. Gauß folgte dieser Empfehlung; siehe Text Nr. 95.
3 Wilhelm Gauß.
4 Hier: Landwirtschaft.

95
An E. Gauß
Göttingen, 10. 1. 1832
Mack 1927, S. 109–111

Mein Sohn.

Als Du vor 16 Monaten Europa verließest, hegte ich die Hoffnung, daß Du schon auf der Reise alles Ersinnliche beraten und vorkehren würdest, um Dir in Amerika einen angemessenen Wirkungskreis vorzubereiten und zu sichern, und daß es, wenn Du ernstlich Dich bestrebtest, an Ort und Stelle in dem Lande, wo unzählige junge Leute, die nur zu arbeiten Lust haben, ihr Fortkommen finden, umso leichter dazu Rat werden würde, da für eine anfängliche Gewähr der Subsistenz[1] gesorgt war.

Auch diese Hoffnung ist getäuscht. Nach allem, was ich erfahre, muß ich schließen, daß Du auch in A[merika] in den Tag hinein gelebt hast, daß Du, anstatt Deine Mittel auf das bedächtigste zu Rate zu halten, nicht einmal gewohnten Genüssen früher zu entsagen gewußt hast, als bis die Mittel zu Ende waren, und daß Du zuletzt durch die Not in Deinen jetzigen Militärstand gegangen bist. Diesen selbst halte ich aber an sich gar nicht für ein Unglück für Dich, sondern eher für ein – wenn auch nicht gleich von Dir als solches erkanntes – Glück [...]

1832 Dein Anliegen, Dich aus diesem Militärstande jetzt wieder zu befreien, kann ich also nur eine unbegründete, verkehrte und Deinem eignen *wahren* Interesse geradezu entgegengesetzte Zumutung betrachten, die ich nicht erfüllen *darf*. Dir selbst müßte doch Dein Nachdenken leicht sagen, daß Du, plötzlich aus Deinen jetzigen Verhältnissen wieder losgerissen, von neuem gleichsam in die Luft gestellt sein würdest. Denn die Rückkehr nach Europa hast Du Dir selbst für immer versperrt. [...][2]

So viel über Dein jetziges Verhältnis. Jetzt aber muß ich Dir ein Ereignis anzeigen, welches Dich tief erschüttern wird. Gebe Gott, daß die Erschütterung eine heilsame für die Umkehr Deines Lebenswandels werde!

Die stets gesteigerten Leiden Deiner Mutter schon zur Zeit Deines Fortgehens hast Du nicht vergessen. Dein innerer Richter wird Dir bei dieser Erinnerung sagen, was ich auszusprechen unterlasse – mögest Du den Willen und die Kraft haben, durch Dein zukünftiges Leben zu versöhnen! Jetzt aber wisse: sie hat nunmehr ausgelitten, sie erlag den Leiden des Körpers und des Gemüts.[3] Weiter kein Wort darüber als dieses: Sie verzeihet Dir, was Du an ihr gesündigt, unter der Bedingung, daß Du zu einem bessern Leben umkehrst. Oh Eugen, halte Mutterfluch von Deinem Haupte entfernt![4] [...]

Weibische Klagen über die Beschwerden des Verhältnisses, in welches Du Dich, durch nichts zurückgehalten, gebracht hast, können und werden nur ein verschlossenes, aber Beweise, daß Du Dich in jene wie ein Vernünftiger fügst, darin eine Schule der Besserung erkennst, sie dazu redlich benutzest und Dich mit Erfolg zu einem Leben vorbereitest, worin Du in der neuen Welt, nachhaltig an Arbeitsamkeit, Mäßigkeit, Sparsamkeit, Ordnung und Rechtlichkeit gewohnt, dermal einst ein nützlicher und glücklicher Weltbürger zu werden in Deiner Gewalt hast, werden ein offenes Ohr finden bei

Deinem Vater G.

1 Lebensunterhalt.
2 Weil, wie Gauß in den hier weggelassenen Passagen ausführte, Eugens bisheriger Lebenswandel und sein Fortgang überhaupt »zu sehr stadt- und landkundig« geworden seien. Gauß wollte also nicht noch einmal zum Gegenstand des Klatsches und Tratsches werden.
3 Minna Gauß, geb. Waldeck, war am 12.9.1831 verstorben; siehe Text Nr. 92.
4 Es folgt die Bedingung »wahrer Besserung«, unter der Eugen Gauß in den Genuß des mütterlichen Erbteils kommen könne, und die Mitteilung, daß Gauß über seine eigene spätere Hinterlassenschaft noch keine unwiderrufliche Entscheidung getroffen habe.

96
An C. L. Gerling
Göttingen, 14. 2. 1832
Schaefer 1927, S. 387

Noch bemerke ich, daß ich dieser Tage eine kleine Schrift[1] aus Ungarn über die nichteuklidische Geometrie erhalten habe, worin ich alle *meine eignen Ideen und Resultate* wiederfinde, mit großer Eleganz entwickelt, obwohl in einer für jemand, dem die Sache fremd ist, wegen der Konzentrierung etwas schwer zu folgenden Form. Der Verfasser ist ein *sehr* junger österreichischer Offizier,[2] Sohn des Jugendfreundes[3] von mir, mit dem ich 1798 mich oft über die Sache unterhalten hatte, wiewohl damals meine Ideen noch viel weiter von der Ausbildung und Reife entfernt waren, die sie durch das eigne Nachdenken dieses jungen Mannes erhalten haben. Ich halte diesen jungen Geometer v. Bolyai für ein Genie erster Größe.[4]

1 Bolyai 1832.
2 János (Johann) Bolyai.
3 Farkas (Wolfgang) Bolyai.
4 Jedoch hat Gauß dieses Lob nie öffentlich ausgesprochen, und seine, an den Vater Farkas gerichtete Anerkennung (Text Nr. 99) war so verklausuliert, daß der ohnehin überempfindliche junge Bolyai zutiefst enttäuscht war.

NEUER HÖHEPUNKT: PHYSIKALISCHES SCHAFFEN

1832/1839

97

An W. Olbers
Göttingen, 18.2.1832
Schering 1885, S. 25

Ihr Brief vom 12. Februar[1], mein geliebter Olbers, hat mich in eine Traurigkeit versetzt, die mich keinen Augenblick verläßt. Sie selbst zwar stehen hoch über dem Leben, wenngleich im Besitz von allem, was dasselbe schmücken kann, innigst geliebt und verehrt von allen, die das Glück gehabt haben, Ihnen nahe zu stehen, aber alle von diesen, die einst nach Ihnen zurückbleiben sollen, werden sich als Verwaiste fühlen, denen *nichts* einen solchen Verlust ersetzen kann. Wende doch der Himmel ein solches Unglück noch lange von uns ab![2] [...]

Ich beschäftige mich jetzt mit dem Erdmagnetismus, namentlich mit einer *absoluten* Bestimmung von dessen Intensität. Freund Weber[3] macht nach meiner Angabe die Versuche. [...] Die Versuche sind aber noch nicht vollständig.

1 In diesem Schreiben hatte Olbers berichtet, daß er ernsthaft erkrankt sei (Schilling 1900/09, 2, S. 582–583).
2 Olbers erholte sich allmählich etwas und lebte noch bis zum 2.3.1840.
3 Wilhelm Weber hatte im Herbst 1831 den Göttinger Physiklehrstuhl übernommen; siehe in der Einführung.

98

An H. C. Schumacher
Göttingen, 3.3.1832
Schering 1887, S. 26

Ich bin, wie Sie leicht denken können, zu wissenschaftlichen Arbeiten lange Zeit wenig aufgelegt gewesen, habe aber doch in der letzten Zeit ein ziemlich lebhaftes Interesse für einen Gegenstand gewonnen oder vielmehr erneuert, denn von jeher habe ich denselben als einen sehr reichhaltigen betrachtet, aber erst jetzt ist mir alles, was mir früher darin dunkel war, in große Klarheit getreten. Dies ist der Erdmagnetismus. *1832*

99
An F. Bolyai
Göttingen, 6. 3. 1832
Schmidt 1899, S. 108–113

Ich habe meine zweite Gattin[1], mit der ich 21 Jahre verbunden war, durch den Tod verloren. Den *größten* Teil jener ganzen Zeit hatte sie gekränkelt; seit den letzten *9 Jahren* aber hat sie, mit abwechselnden Erleichterungen, unbeschreiblich gelitten. Wie schwer ein solches Leiden drückt und wie manche Nebenleiden im Gefolge davon erscheinen, brauche ich Dir nicht zu sagen, da Du ähnliches erlebt hast. Wenn ich ihr nun Glück wünschen darf, von den Leiden endlich befreit zu sein, so fühle ich mich selbst dagegen nun so alleinstehend! – Von meinen 5 Kindern nur weniges: Mein ältester Sohn[2] ist Artillerieleutnant in Hannover; meine älteste Tochter[3] ist seit 1½ Jahren an den hiesigen Prof. ling. orient.[4] Ewald verheiratet. Beide Kinder machen mir viel Freude. Aus der zweiten Ehe sind zwei Söhne und eine Tochter. Von dem ältesten dieser Söhne, einem leider mißratenen Kinde[5], laß mich ganz schweigen; schwerlich wird die Wunde, die meinem Glücke dadurch geschlagen ist, je vernarben. Der zweite[6] hat viele gute Eigenschaften und bestimmt sich der Landwirtschaft. Auch meine jüngste Tochter[7] macht mir Freude; obgleich noch sehr jung, steht sie doch ganz meinem Hauswesen vor. In letzterem findet sich auch meine jetzt 89jährige, beinahe ganz erblindete Mutter.[8] Es ist kein Glück, alt zu werden! Mein Vater[9] war schon 1808 gestorben. So viel in Kürze über meine häuslichen Verhältnisse. Jetzt einiges über die Arbeit Deines Sohnes.[10]

Wenn ich damit anfange, *›daß ich solche nicht loben darf‹*, so wirst Du wohl einen Augenblick stutzen, aber ich kann nicht anders; sie loben hieße, mich selbst loben, denn der ganze Inhalt der Schrift, der Weg, den Dein Sohn eingeschlagen hat, und die Resultate, zu denen er geführt ist, kommen fast durchgehends mit meinen eigenen, zum Teile schon seit 30–35 Jahren angestellten Meditationen überein. In der Tat bin ich dadurch auf das äußerste überrascht.

Mein Vorsatz war, von meiner eigenen Arbeit, von der übrigens bis jetzt wenig zu Papier gebracht war, bei meinen Lebzeiten gar nichts bekannt werden zu lassen. Die meisten Menschen haben gar nicht den rechten Sinn für das, worauf es dabei ankommt, und ich habe nur wenige Menschen gefunden, die das, was ich ihnen mit-

1832 teilte, mit besonderem Interesse aufnahmen. Um das zu können, muß man erst recht lebendig gefühlt haben, was eigentlich fehlt, und darüber sind die meisten Menschen ganz unklar. Dagegen war meine Absicht, mit der Zeit alles zu Papier zu bringen, daß es wenigstens mit mir dereinst nicht unterginge.

Sehr bin ich also überrascht, daß diese Bemühung mir nun erspart werden kann, und höchst erfreulich ist es mir, daß gerade der Sohn meines alten Freundes es ist, der mir auf eine so merkwürdige Art zuvorgekommen ist.

Sehr prägnant und abkürzend finde ich die Bezeichnungen, doch glaube ich, daß es gut sein wird, für manche Hauptbegriffe nicht bloß Zeichen oder Buchstaben, sondern bestimmte Namen festzusetzen, und ich habe bereits vor langer Zeit an einige solcher Namen gedacht. So lange man die Sache nur in unmittelbarer Anschauung durchdenkt, braucht man keine Namen oder Zeichen; die werden erst nötig, wenn man sich mit andern verständigen will. [...]

In manchem Teile der Untersuchung habe ich etwas andere Wege eingeschlagen [...] Es steht Dir frei, es Deinem Sohne mitzuteilen; jedenfalls bitte ich Dich, ihn herzlich von mir zu grüßen und ihm meine besondere Hochachtung zu versichern.[11] [...]

Es ist der größte Fluch des Altwerdens, daß man diejenigen, die uns von der Jugend her teuer waren, einen nach dem anderen abtreten sieht und zuletzt fast einsam zurückbleibt. [...] Lebe wohl, mein teuerer alter Freund; vor allem bewahre Dir ein heiteres Gemüt, ohne welches kein Erdengut einen Wert hat. Stets wird es mir eine große Freude sein, solche Nachrichten von Dir und Zeichen Deiner Erinnerung an Deinen alten Freund zu erhalten.

1 Minna Gauß, geb. Waldeck; sie war am 12.9.1831 verstorben; siehe Text Nr. 92.
2 Joseph Gauß.
3 Minna Ewald, geb. Gauß.
4 Professor der orientalischen Sprachen.
5 Eugen Gauß; siehe Texte Nr. 93 und 95.
6 Wilhelm Gauß.
7 Therese Gauß.
8 Dorothea Gauß, geb. Benze.
9 Gerhard (Gebhard) Dietrich Gauß.
10 János (Johann) Bolyai: Bolyai 1832 (über die nichteuklidische Geometrie).
11 Alles in allem doch eine kühle Aufnahme der bahnbrechenden Arbeit, und man kann die Verbitterung von János (Johann) Bolyai verstehen; vgl. auch Text Nr. 96.

100
An C. L. Gerling
Göttingen, 2.4.1832
Schaefer 1927, S. 388

Ich habe seit etwa einem Monat mich recht viel mit dem Magnetismus beschäftigt und angefangen, nicht bloß diejenigen Ideen, die ich Ihnen Weihnachten [mündlich][1] mitteilte, selbst (unter vielfachem Beistande von Freund Weber) auszuführen, sondern alles noch viel weiter auszudehnen. Ich komme fast täglich noch auf eine neue Idee und muß nur bedauern, daß die Ausführung [...] nicht so schnell damit Schritt halten kann. Aber auch wie es jetzt steht, ist meine Erwartung weit übertroffen. Die tägliche Variation[2] kann ich schon fast von Minute zu Minute verfolgen und wenige Bogensekunden (sage z.B. zwei oder drei) *sicher* sichtbar machen. Ich hoffe, in *allen* einzelnen Momenten, nämlich Intensität[3], Deklination[4], Inklination[5] und den Variationen dieser drei Elemente, die bisherige Schärfe weit überbieten zu können. Die Schwingungsdauer bestimme ich schon jetzt mit einer fast unglaublichen Schärfe.

1 Gerling hatte Gauß während der Weihnachtsferien in Göttingen besucht.
2 Schwankung.
3 Stärke der magnetischen Erdkraft.
4 Abweichung.
5 Neigung.

101
An H. C. Schumacher
Göttingen, 12.5.1832
Schering 1887, S. 30

Mit meinen magnetischen Beschäftigungen hat es guten Fortgang. Ich habe mir eigentümliche Apparate ausgesonnen, die sich durch Einfachheit, Sicherheit und eine den astronomischen Beobachtungen gleichkommende Schärfe – endlich auch durch Wohlfeilheit empfehlen. [...] Es ist eine wahre Lust, damit absolute Deklination, ihre Intensität und die stündlichen und täglichen Variationen von beiden zu beobachten. [...] Auch mit der Zurückführung der Intensität auf absolute Einheit geht es vortrefflich. Übrigens ist alles noch nicht zur vollkommensten Reife gebracht, aber bald hoffe ich, es dahin gebracht zu haben, daß ich öffentlich etwas darüber bekanntmachen kann.[1] Späterhin denke ich, auch das letzte Element, die Inklination vorzunehmen.

1 Am 15.12.1832 hielt Gauß dann in der Göttinger Sozietät der Wissenschaften einen Vortrag über das Thema »Intensitas vis magneticae terrestris ad mensuram absolutam revocata« (Die Intensität der erdmagnetischen Kraft, zurückgeführt auf absolutes Maß); Gauß 1863/1933, 5, S. 293–304. Diese Gaußsche Selbstanzeige übersetzte Alexander von Humboldt in die französische Sprache.

102

An J. F. Encke

Göttingen, 12.5.1832

Schering 1887, S. 32

In der Tat ist mir mein Leben in Göttingen durch sein [Webers] Hiersein viel lieber geworden. Er ist ebenso liebenswürdig von Charakter als talentreich.

103

An W. Olbers

Göttingen, 2.8.1832

Schering 1887, S. 35

Von jeher schien mir, daß die Apparate, deren man sich für die magnetischen Bestimmungen bedient, sehr unvollkommen und in einem schreienden Mißverhältnisse gegen die Schärfe unsrer astronomischen und geodätischen Messungen sind. Ich habe mir seit etwa 5 Monaten angelegen sein lassen, diesem Übelstande abzuhelfen, wobei ich gleich anfangs von einigen schon seit vielen Jahren gehabten Ideen[1] ausging, aber freilich fast jede Woche noch auf etwas Neues gekommen bin.

1 Schon am 1.3.1803 hatte Gauß an Olbers geschrieben, er glaube, »daß über die magnetische Kraft der Erde noch viel zu entdecken sein möchte und daß sich hier noch ein größeres Feld für Anwendung der Mathematik finden wird, als man bisher davon kultiviert hat« (Schilling 1900/09, 1, S. 128). Vgl. auch Text Nr. 108.

104

An H. C. Schumacher

Göttingen, 31.8.1832

Schering 1887, S. 42

Ich bin fortdauernd mit dem Magnetismus beschäftigt. [...] Ich kenne nichts Interessanteres von praktischen Geschäften, als diese magnetischen Beobachtungen. Meine früher geäußerten Erwartungen realisieren sich vollkommen.

105
An C. L. Gerling
Göttingen, 28. 10. 1832
Schaefer 1927, S. 402

Meine magnetischen Apparate habe ich erst ganz seit Kürze mit dem Galvanismus in Verbindung zu setzen angefangen[1], ein für mich noch fast ganz neues Feld, wo sich aber eine unabsehbare Aussicht zu neuen Versuchen öffnet. Sie können sich keine schönere Art zum Messen des galvanischen Stromes denken wie mit meinen Apparaten.

1 Am 14. 12. 1832 meldete Gauß auch seinem Freund Schumacher den Beginn galvanischer Untersuchungen, die ihm »die größte Befriedigung« bereiteten (Peters 1860/65, 2, S. 310).

106
Zu Lina Weber[1] und anderen
Göttingen, 31. 12. 1832
Wiederkehr 1967, S. 52–53

Lina Weber berichtet brieflich von einem Lesezirkel, dem sich Gauß angeschlossen hatte:[2]

Den Sylvesterabend verbrachten wir bei Ewalds[3]. [...] So wurde denn im ›Titan‹[4] fortgefahren. Wilhelm[5] wurde etwas heiser. Gauß, ob er gleich erklärte, daß er eigentlich nach Weber nicht lesen könnte, nahm das Buch und war darin so ausgezeichnet, wie in jeder anderen Hinsicht. Er deutete dann an, daß ich noch lesen möge, allein ich war taub, denn ich gedachte meines jetzt wieder eintretenden Herzklopfens, welches stärker kommt, wenn ich mich ein wenig ängstige. Er bedung sich aber aus, daß ich das nächste Mal lesen müßte. Wir gingen fort, aber welch Malheur, die Haustür war verschlossen, der Wirt in der Schenke und kein Schlüssel im Haus. Gauß führte mich im Pomp wieder herauf, wir setzten uns wieder, in Erwartung, daß der Wirt wiederkäme und das Haus aufschlösse. Nun drang Gauß darauf, ich müßte lesen. Es war für mich keine Kleinigkeit zu lesen, neben Gauß auf dem Sofa, während er eine doppelte Lorgnette[6] auf mich von Zeit zu Zeit richtete... Ich bekomme von Tag zu Tag mehr Respekt vor Gauß, aber ich finde ihn weniger gelehrt (denn davon läßt er uns nichts merken) als liebenswürdig, und jedes Wort ist ein Pfeil, und wenn er Doktor Luther[7] und 13 Jahre jünger wäre, und ich wäre Katharina von Bora[8] und er fragte mich, warum ich nicht heiratete, so antwortete ich auch: wenn Sie's wären, Herr Hofrat. Nun gestern setzten wir uns wieder und warteten und warteten, der Wirt kommt nicht; Gauß macht

1832 Pläne, zum Fenster hinaus zu springen. Endlich, 1 ½ Uhr morgens wird geöffnet. Wären andere dabei verdrießlich geworden, so wurden wir immer fröhlicher.

1 Lina Weber (1802–1881), führte ihrem Bruder Wilhelm Weber, Gauß' Freund und Kollegen, von 1831 bis 1834 in Göttingen den Haushalt.
2 Das Datum ist nicht ganz gesichert; es könnte sich auch um den 31.12.1833 gehandelt haben.
3 Gauß' Tochter Minna und ihr Mann, der Orientalist Heinrich Ewald.
4 Das Hauptwerk (1800/03) von Jean Paul (Johann Paul Friedrich Richter, 1763–1825), den Gauß außerordentlich schätzte.
5 Wilhelm Weber, Lina Webers Bruder; siehe Anmerkung 1.
6 Brille an einem Stiel.
7 Martin Luther (1483–1546), der Begründer des deutschen Protestantismus.
8 Katharina von Bora (1499–1552), seit 1525 Ehefrau Luthers. Wäre Gauß 13 Jahre jünger gewesen, so wäre die Differenz zwischen seinem Alter und dem Lina Webers dem Altersunterschied zwischen Luther und dessen Frau nähergekommen.

107
Zu einem Studenten
Göttingen, um 1832
Schleiden 1863, S. 43

Schleiden[1] berichtet:

Als ich in Göttingen studierte,[2] kam einer der gediegeneren Studenten zu Gauß, sah auf dem Tische das genannte Werk[3] und sagte: »Aber Herr Professor, geben Sie sich denn mit dem konfusen philosophischen Zeug ab?« Worauf sich Gauß sehr ernst an den Frager wendete mit den Worten: »Junger Mann, wenn Sie es in Ihrem Triennium[4] dahin bringen, daß Sie dieses Buch würdigen und verstehen können, so haben Sie Ihre Zeit bei weitem besser angewendet als die meisten Ihrer Kommilitonen.«

1 Der Botaniker Matthias Jacob Schleiden (1804–1881), einer der Begründer der Zelltheorie.
2 Schleiden studierte 1832–1834 in Göttingen.
3 Fries 1822. Der Philosoph Jakob Friedrich Fries (1773–1843) in Jena wurde übrigens auch von Alexander von Humboldt hochgeschätzt.
4 Die normale Studiendauer von drei Jahren.

Wilhelm Olbers (1758–1840), 1830
Gemälde von Rudolf Friedrich Carl Suhrlandt (1781–1862)

Friedrich Wilhelm Bessel (1784–1846), 1839
Gemälde von Christian Albrecht Jensen (1792–1870)
(Nach Bessel, Abhandlungen, Bd. 3, Leipzig 1876)

Heinrich Christian Schumacher (1780–1850)
Lithographie von Otto Speckter (1807–1871)
(Nach Astronom. Nachrichten, Bd. 36, Altona 1853)

Alexander von Humboldt (1769–1859), 1848
Zeichnung von Rudolf Lehmann (1819–1905)

Christian Ludwig Gerling (1788–1864), 1821
(Nach Schaefer 1927, Frontispiz)

Peter Gustav Lejeune Dirichlet (1805–1859), um 1850
Lithographie von Julius Schrader (1815–1900)

Wolfgang Frh. Sartorius von Waltershausen (1809–1876), 1857
Foto von 1857

Wilhelm Weber (1804–1891), um 1835
Lithographie nach einer Zeichnung von Paul Rohrbach
(1817–nach 1862)

108

An A. von Humboldt
Göttingen, 13.6.1833
Biermann 1977a, S. 46–47

Daß die unbedeutenden Versuche, die ich vor 5 Jahren bei Ihnen[1] zu machen das Vergnügen hatte, mich der Beschäftigung mit dem Magnetismus zugewandt hätten, kann ich zwar nicht eigentlich sagen[2], denn in der Tat ist mein *Verlangen* danach so alt wie meine Beschäftigung mit den exakten Wissenschaften überhaupt[3], also weit über 40 Jahre; allein ich habe den Fehler, daß ich erst dann recht eifrig mich mit einer Sache beschäftigen mag, wenn mir die Mittel zu einem rechten Eindringen zu Gebote stehen, und daran fehlte es früher. Das freundschaftliche Verhältnis, in welchem ich zu unserm trefflichen Weber stehe, seine ungemein große Gefälligkeit, alle Hilfsmittel des Physik[alischen] Kabinetts zu meiner Disposition zu stellen und mich mit seinem eignen Reichtum an praktischen Ideen zu unterstützen, machte mir die ersten Schritte erst möglich, und den ersten Impuls dazu haben doch wieder Sie gegeben, durch einen Brief an Weber[4], worin Sie (Ende 1831) der unter Ihren Auspizien errichteten Anstalten für Beobachtung der täglichen Variation erwähnten.

Im gegenwärtigen Jahre habe ich meine Apparate hauptsächlich für den Elektromagnetismus gebraucht, ferner für die Induktion, die sich damit auf das schönste meßbar machen läßt. In der allerletzten Zeit sind wir beschäftigt mit galvanomagnetischen Versuchen in großem Maßstabe. Eine Drahtverbindung zwischen der Sternwarte und dem Physikalischen Kabinett ist eingerichtet; ganze Drahtlänge circa 5000 Fuß[5]. Unser Weber hat das Verdienst, diese Drähte gezogen zu haben (über den Johannisturm und Accouchierhaus[6]) ganz allein. Er hat dabei unbeschreibliche Geduld bewiesen. Fast unzählige Male sind die Drähte, wenn sie schon ganz oder zum Teil fertig waren, wieder zerrissen (durch Mutwillen oder Zufall). Endlich ist seit einigen Tagen die Verbindung, wie es scheint, *sicher* hergestellt; statt des frühern feinen Kupferdrahts ist etwas starker Eisendraht (gefirnißt) angewandt. Die Wirkung ist *sehr imponierend*, ja sie ist jetzt zu stark für meine eigentlichen Zwecke. Ich wünschte nämlich zu versuchen, sie zu *telegraphischen* Zeichen zu gebrauchen, wozu ich mir eine Methode ausgesonnen habe; es leidet keinen Zweifel, daß es gehen wird, und zwar wird mit *einem* Apparat *ein* Buchstabe weniger als 1 Minute erfordern. [...]

Das Telegraphieren mit dem Heliotrop ist auf jede noch so große Distanz (wo nur die Erde offene Aussicht darbietet) anwendbar, aber freilich vom Sonnenschein abhängig. [...] Dagegen wäre das

1834 Telegraphieren mit dem Elektrogalvanismus von Wetter und Tageszeit gänzlich unabhängig, und ich bin geneigt zu glauben, daß man mit *einem* Schlage ungeheure Distanzen anwenden könnte.[7] Wäre nur zu den Kosten Rat zu schaffen, so meine ich, würde man *unmittelbar* von Göttingen nach Hannover korrespondieren können. Ich habe selbst den Einfall gehabt, ob man in Zukunft, wenn erst Eisenbahnen allgemeiner sind, nicht die *Gleise* selbst (wobei man freilich zwischen den einzelnen Schienen sich dauernder metallischer Berührung versichern müßte) anstatt der Leitungsdrähte gebrauchen könnte.

1 Siehe Text Nr. 87.
2 Diese höfliche, aber entschiedene Zurückweisung der durch Humboldt am 17.2.1833 (Biermann 1977a, S. 43–44) geäußerten Vermutung, Gauß sei durch seinen Berlinaufenthalt zur Beschäftigung mit dem Geomagnetismus angeregt worden, führte zu einer nicht unerheblichen Belastungsprobe ihrer Beziehungen (Biermann 1963).
3 Siehe hierzu Text Nr. 103.
4 Geschrieben Ende 1831 (Biermann 1971b).
5 Rd. 1,5 km.
6 Entbindungsanstalt.
7 Über die begrenzte Einsetzbarkeit der für andere Zwecke entwickelten Göttinger Magnetometer in der telegraphischen Praxis und die Gauß und Weber für ihr experimentelles Geschick zu zollende Bewunderung siehe Aschoff 1987.

109
Zu H.C. Schumacher
Göttingen, im Mai 1834
Biermann 1966, S. 14

Schumacher berichtet seinem Freund Bessel am 30.5.1834 über die unfreundliche Aufnahme, die er bei ihrem gemeinsamen Freund Gauß gefunden habe. Gauß sei erst nach und nach damit herausgekommen, was er gegen Schumacher auf dem Herzen hatte:

»1. Nicht zuerst nach Göttingen und dann nach Berlin[1] gegangen zu sein; 2. mit Ihnen [Bessel] dort 14 Tage verlebt zu haben und bei ihm nur wenige Tage zu bleiben; 3. meine Abreise [von Berlin], weil Sie noch blieben, ein paar Tage verschoben zu haben (woher er das wußte, wenn Encke es ihm nicht geschrieben hat, kann ich nicht erraten); 4. meine Abfahrt an den Tag [also nicht auf die Nacht] gelegt zu haben, nicht bei ihm einzukehren, sondern im Wirtshause zu wohnen.« Ich hatte ihm nämlich aus Berlin geschrieben, ob er es erlaube, da seine Haushaltung durch den Tod seiner Frau[2] gestört sei, diesmal im Wirtshause einzukehren? [...] Doch genug davon! Gauß ist gewiß selbst bei seiner Unzufriedenheit mit der ganzen Welt nicht glücklich, und ebendaher muß, wer mit ihm umgeht, es nicht übelnehmen, wenn seine üble Laune wie ein verhaltenes Feuer mitunter ausbricht.[3]

1 Schumacher nahm in Berlin an Bessels Beobachtungen zur Bestimmung der Länge des Pendels teil, das in 1 Sekunde eine Schwingung vollendet.
2 Minna Gauß, geb. Waldeck.
3 Vgl. Text Nr. 134.

110

An F. R. Hassler[1]
Göttingen, 23. 11. 1834
Biermann 1977d, S. 4–6

Die von mir bei meinen Messungen gebrauchten Heliotrope[2], deren ich vier eigne und zuweilen dabei noch einen oder mehrere fremde zugleich in Tätigkeit gehabt habe und für welche keine Entfernung zu groß ist (meine längste Dreiecksseite ist die Brocken–Inselsberg, 15 geogr[aphische] Meilen lang)[3], waren in den Jahren 1821 bis 1823 von dem sehr geschickten Künstler Rumpf[4], einem Zögling Reichenbachs, verfertigt, welchen aber vor ein paar Jahren ein früher Tod uns entrissen hat. Inzwischen wird [...] sehr reelle Arbeit geleistet, und ich kann versichern, daß die beiden für Sie gemachten Heliotrope völlig so gut gearbeitet sind wie meine eignen. [...] Wesentlich ist die Erinnerung, daß die Heliotrope ihren Dienst nur dann zuverlässig leisten, wenn sie gut berichtigt sind. Sie finden die vornehmsten von mir angewandten Methoden in Schumachers Astronomischen Nachrichten, 5. Band (Nro 116, p. 330) entwickelt.[5] [...] Ich selbst habe mich in den letzten beiden Jahren vorzüglich mit dem Magnetismus beschäftigt. Von meinen neuen Apparaten haben Sie vielleicht in Schumachers A[stronomischen] N[achrichten] und später in Poggendorffs Annalen gelesen.[6] Ein eigenes Magnetisches Observatorium besteht hier seit einem Jahre und wird bald viele Nachfolger finden. Korrespondierende gleichzeitige Beobachtungen sind verabredet und werden schon außer Göttingen in Leipzig, Berlin, Braunschweig und Kopenhagen gemacht. Bald werden Altona, Breslau, Greifswald, Halle und Uppsala nachfolgen. Sehr merkwürdige Resultate sind schon jetzt daraus hervorgegangen. Es würde mich freuen, wenn bald auch in Amerika eine Teilnahme eingeleitet werden könnte.

1 Ferdinand Rudolph Hassler (1770–1843), aus der Schweiz stammender Astronom, Mathematiker und Geodät. Seit 1805 in den USA, Lei-

ter des amerikanischen Amtes für Maße und Gewichte sowie der Küstenvermessung.

2 Vgl. in der Einführung.

3 Rd. 111 km. Die in der Literatur gelegentlich aufgestellte Hypothese, Gauß habe das Dreieck Brocken – Inselsberg – Hoher Hagen vermessen, um experimentell die nichteuklidische Geometrie zu bestätigen, läßt sich nicht erhärten.

4 Philipp Rumpf(f) (1791–1833), Universitäts-Feinmechaniker in Göttingen.

5 »Die Berichtigung des Heliotrops« (Gauß 1863/1933, 9, S. 472 bis 477).

6 Siehe Text Nr. 101, Anm. 1. In den Astron. Nachr.: 10 (1833), Sp. 349–360; in den Annalen: 28 (1833), S. 241–273, 591–615. Die Annalen der Physik und Chemie gab der Berliner Physiker und Historiker der Naturwissenschaften Johann Christian Poggendorff (1796 bis 1877) heraus.

111

An H. C. Schumacher
Göttingen, 6. 8. 1835
Peters 1860/65, 2, S. 411

Darf ich aber Ihnen vertraulich sagen, was mir selbst bei meinen Arbeiten die meiste Satisfaktion gibt, so sind es viel mehr die *theoretischen* Eroberungen im Gebiet des Elektromagnetismus, als die in dem des *reinen* Magnetismus. In andern äußern Verhältnissen als die meinigen sind, ließen sich wahrscheinlich auch für die Sozietät[1] wichtige und in Augen des großen Haufens glänzende praktische Anwendungen daran knüpfen. Bei einem Budget von 150 Talern jährlich für Sternwarte und magnetisches Observatorium zusammen (dies nur im engsten Vertrauen für Sie) lassen sich freilich wahrhaft großartige Versuche nicht anstellen. Könnte man darauf aber Tausende von Talern wenden, so glaube ich, daß z. B. die elektromagnetische Telegraphie zu einer Vollkommenheit und zu einem Maßstabe gebracht werden könnte, vor der die Phantasie fast erschrickt.

1 Die Gesellschaft.

112

An C. L. Gerling
Göttingen, 26. 8. 1835
Schaefer 1927, S. 447–448

In Beziehung auf die magnetogalvanische Telegraphie bin ich vor einigen Wochen auf eine ganz neue Art, die Induktion dazu zu verwenden, gekommen, die sich in der Anwendung ungemein zierlich macht. Es lassen sich, wie die Erfahrung gelehrt hat, in der Minute sechs bis acht Buchstaben transmittieren.[1] [...] Da übrigens bei derartigen Ausführungen die Wissenschaft eigentlich gar nicht interessiert ist, so scheint mir in der Ordnung, daß jene, obwohl bona officia[2] zu leisten bereit, doch solche nicht aufdrängt, sondern wartet, bis solche gesucht werden. *1835*

1 Übermitteln.
2 Gute Dienste.

113

An P. Schilling von Cannstadt[1]
Göttingen, 11.9.1835
Moskau 1955, Blatt nach S. 110[2]

Die Abreise unsers Freundes Weber nach Bonn[3] veranlaßt mich, Ihnen nochmals zu bezeugen, wie große Freude es mir gemacht hat, Ihre Bekanntschaft zu erneuern[4] und mich mit Ihnen über so manche naturwissenschaftliche Gegenstände zu unterhalten. Nichts könne mir angenehmer sein, als wenn Sie einmal auf längere Zeit Ihren Aufenthalt in Göttingen nehmen wollten. Welche Vorzüge auch große Orte in Rücksicht auf andere Genüsse haben mögen, so können Sie doch nirgends eine größere Wärme für diejenigen Bestrebungen antreffen, die darauf gerichtet sind, der Natur ihre Geheimnisse abzulauschen. Mich soll wundern, wo man zuerst die elektromagnetische Telegraphie praktisch und in großem Maßstabe ins Leben treten lassen wird. Früher oder später wird dies gewiß geschehen, sobald man nur erst eingesehen haben wird, daß sie sich ohne Vergleich wohlfeiler einrichten läßt als optische Telegraphie. Die Telegraphie durch Benutzung der Induktion bedarf nur einer *einfachen* Kette, und ich glaube, daß man es damit dahin bringen kann, 8 bis 10 Buchstaben in der Minute zu transmittieren.[5] [...] Doch glaube ich, daß man [eine größere Unabhängigkeit von der Intelligenz des Telegraphisten, wie sie die Schillingsche Methode verspricht,] in einem ziemlich hohen Grade auch bei dem Gebrauch des Induktionsverfahrens durch Anwendung einer Maschine erreichen könnte, für welche ich mir in der letzten Zeit die Hauptmomente bereits ausgedacht habe. Bei mir bleibt dies freilich bloß eine Idee, da ich mich auf kostspielige Versuche, die keinen unmittelbar wissenschaftlichen Zweck haben, nicht einlassen kann.

Näher liegen mir die Versuche über das Leistungsvermögen der verschiedenen Metalle, welches durch die hiesigen Apparate mit so vieler Schärfe sich bestimmen läßt.

1 Paul Baron Schilling von Cannstadt (Pavel L'vovič Šilling) (1786 bis 1837), russischer Diplomat und einer der Erfinder der elektrischen Telegraphie.

2 Faksimile. – Zuvor Text fast vollständig bei Feyerabend 1933, S. 157.

3 Zur Naturforscherversammlung, auf der Schilling seinen elektromagnetischen Telegraphen vorführte.

4 Gauß hatte Schilling 1816 auf seiner Reise nach Bayern in München kennengelernt, wo jener als Gesandtschaftssekretär tätig war.

5 Übermitteln.

114
An F. R. Hassler
Göttingen, 10. 3. 1836
Biermann 1977d, S. 8–9

Sie erhalten diese Zeilen durch meinen ältesten Sohn [Joseph], Premier-Lieutenant[1] in der Hannoverschen Artillerie, welcher eine Reise durch die Nordamerikanischen Staaten anzutreten im Begriff ist. Unter den mehrfachen Zwecken seiner Reise ist einer, die Nordamerikanischen Eisenbahnen und ihre Einrichtungen näher kennenzulernen. Können Sie ihm zur Erreichung seiner Zwecke auf eine oder andere Weise förderlich sein, so werde ich dies dankbarlichst erkennen. [...]

Über alles, was den Gebrauch dieser Instrumente [Heliotrope] betrifft, kann mein Sohn Auskunft geben, welcher schon seit dem Jahre 1822 an den Gradmessungsarbeiten teilgenommen hat und an den weitern trigonometrischen Arbeiten seit 1828[2] einen größern [Anteil hat] als einer der andern Mitarbeiter. Ja, in diesem Augenblick bin ich für die Vollendung des noch fehlenden Teils fast allein auf *ihn* reduziert, obwohl bei den Beschränkungen, die seine übrigen Dienstverhältnisse herbeiführen, sich der Zeitpunkt der Vollendung[3] noch nicht absehen läßt. Sie sehen, daß auch ich, nicht weniger wie Sie, bei der Ausführung eines bedeutenden Messungsgeschäfts mit Schwierigkeiten zu kämpfen habe.

Da Sie, Ihrem letzten Brief zufolge, sich meine Theoria Combinationis Observationum[4] dort noch nicht hatten verschaffen können, so gereicht es mir zum Vergnügen, Ihnen das einzige, mir noch übrige Exemplar hier beizulegen. Ich habe zugleich beigefügt das Supplementum[5] Theoriae & c.

Zugleich habe ich noch angeschlossen ein Exemplar meiner Intensitas Vis magneticae terrestris ad mensuram absolutam revocata[6] und ein paar andre in Verbindung stehende Aufsätze. Es würde mir sehr angenehm sein, wenn auch in N[ord-]Amerika Teilnahme für die interessanten Beobachtungen erweckt werden könnte. Einige weitere Nachricht von den hiesigen Einrichtungen wird Ihnen mein Sohn geben können, obwohl derselbe, seitdem diese etabliert sind, hier nur von Zeit zu Zeit einen kurzen Aufenthalt gemacht hat. In dem von Schumacher unlängst zum ersten Mal herausgegebenen »Jahrbuch für 1836«, wovon ja wohl auch Exemplare nach N[ord-]Amerika gekommen sein werden, finden Sie einen kleinen Aufsatz von mir,[7] diese Gegenstände betreffend, allein, seitdem derselbe geschrieben (Junius 1835), ist noch manches wichtige Neue hinzugekommen. Namentlich sind auch die Methoden, die elektromagnetischen Ströme zur Telegraphie zu benutzen, noch wesentlich vervollkommnet; Versuche in viel größerem Maßstabe werden, wahrscheinlich ganz in Kürze, bei den entstehenden Eisenbahnen von Leipzig nach Dresden und von Augsburg nach München gemacht werden.

Magnetometrische Apparate, den hiesigen ganz gleich (nur bei ein paar Orten in kleinerer Dimension) und größtenteils in Göttingen gearbeitet, finden sich bereits in Altona, Bonn, Berlin, Braunschweig, Breslau, Halle, Freiberg [in Sachsen], Marburg, Kopenhagen, München, Mailand, Leipzig, Wien, Haag und Uppsala; in Arbeit sind hier Apparate für Greenwich und Dublin, in Kassel einer für Krakau. Außerdem führen ein paar auf einer Reise nach Italien begriffene Jünglinge[8] von mir einen ähnlichen Apparat bei sich. In Petersburg hat man einen ganz ähnlichen (nur kleinern) Apparat aufgestellt, und in Kürze werden ähnliche Etablissements an einem halben Dutzend anderer Örter in Rußland eingerichtet werden.[9] Wir können also bald auf sehr umfassende Resultate rechnen.

1 Oberleutnant.
2 Die Hannoversche Landesvermessung; siehe in der Einführung.
3 1844.
4 Zu ergänzen: erroribus minimis obnoxiae (Theorie der den kleinsten Fehlern unterworfenen Kombination der Beobachtungen); Gauß 1863/1933, 4, S. 1–53.
5 Ergänzung hierzu: ebda., S. 55–93.
6 Siehe Text Nr. 101, Anm. 1. Gauß 1863/1933, 5, S. 79–118.
7 Erdmagnetismus und Magnetometer (Gauß 1863/1933, 5, S. 315 bis 344).
8 Sartorius von Waltershausen sowie Johann Benedikt Listing (1808 bis 1882), später als Physiker in Göttingen Nachfolger Wilhelm Webers.
9 Vgl. Körber 1958, S. 5–8.

115
An H.C. Schumacher
Göttingen, 1.9.1836
Peters 1860/65, 3, S. 114

Von meinem Sohn [Joseph] habe ich bisher 3 Briefe aus N[ord]-A[merika] erhalten.[1] Er hat schon eine große Reise ins Innere gemacht. Von seinen (ich glaube sich gegen 60 belaufenden) Empfehlungsbriefen sind ihm die meisten völlig unnütz gewesen, da die Nordamerikaner, immer nur trachtend to make money[2], sich um ihren Nächsten sonst wenig bekümmern. Doch hat er auch einige rühmliche Ausnahmen gefunden. Unter andern rühmt er auch sehr Herrn Bowditch[3] [...]

1 Siehe Mack 1927, S. 82–87.
2 Geld zu machen.
3 Nathaniel Bowditch (1773–1838), Astronom und Mathematiker (Autodidakt); Direktor einer Lebensversicherung in Boston, USA.

116
An C. L. Gerling
Göttingen, 19.12.1836
Schaefer 1927, S. 508

Die Maßangelegenheit[1] kostet mich ganz erschrecklich viel Zeit, namentlich jetzt auch die Prüfung eines in 640 Millim[eter] geteilten Maßstabes, insofern ich mich nicht auf die Einteilung verlassen, sondern alle mir nötigen Striche erst selbst mit Fehlerkorrektion versehen will. Man hat mir nun auch die Leitung der Verfertigung aller Gewichte aufgetragen, von den feinsten Juweliergewichten bis zu 100-Pfund-Stücken. Für die großen Gewichte werde ich erst eine eigne Waage anfertigen lassen, nach dem Prinzip, welches Sie bei W[eber][2] gesehen haben.

1 Die Gauß vom Ministerium des Inneren in Hannover übertragene Regulierung des Hannoverschen Maßwesens; siehe Text Nr. 88.
2 Als Gauß im Mai 1839 gemahnt wurde, seinen Auftrag so rasch wie möglich zu vollenden, fiel ihm das um so schwerer, als er natürlich bei der Erklärung seiner Bereitwilligkeit davon ausgegangen war, daß Weber ihm zur Seite stehen würde; siehe Peters 1860/65, 3, S. 234 bis 242 und Text Nr. 127. Diese Voraussetzung aber war wegen der Amtsenthebung Webers nach dem Protest der »Göttinger Sieben« (siehe in der Einführung) nach 1837 nicht mehr gegeben, und Gauß mußte ganz auf sich selbst gestellt die mühevolle und zeitraubende Regulierung vornehmen.

117

An H. C. Oersted[1]

Göttingen, 6. 7. 1837

Harding 1920, S. 352–353

Mein teuerster Freund!

Durch Ihr gütiges Schreiben und die beigefügten Mitteilungen bin ich umso angenehmer überrascht, da ich nach zweijähriger Entbehrung weiterer Nachricht nur glauben konnte, daß die Fortsetzung der magnetischen Beobachtungen dort Hindernisse gefunden hätte. Schade nur, daß die Kopenhagener Beobachtungen nun unter den publizierten fehlen. Mit der Publikation verhält es sich so:

Schon längere Zeit bin ich durch die Besorgnis gequält, daß der große Eifer, welcher an vielen Orten für die magnetischen Beobachtungen bewiesen wird, doch allmählich erkalten würde, wenn nicht die Beobachter von der Übereinstimmung mit anderen Orten Kenntnis erhalten. Durch Briefwechsel dies zu tun, ist bei der beträchtlichen Anzahl der Teilnehmer unmöglich. Freund Weber meinte, daß die Lithographierung geschehen könnte, wenn sämtliche Teilnehmer sich zu einem gewissen Geldopfer verstehen wollten, was desto mäßiger ausfallen würde, je mehr Teilnehmer sich in die Kosten teilten. Ich meinerhalb, obwohl nicht an der Bereitwilligkeit der meisten auswärtigen Teilnehmer zweifelnd, habe doch diesen Modus nicht für praktisch gehalten. Glücklicherweise ist aber für jetzt wenigstens diese Verlegenheit beseitigt, da eine Buchhandlung[2] sich entschlossen hat, die Kosten zu wagen, wobei freilich der Erfolg, in Beziehung auf welchen zunächst auf die Teilnehmer gerechnet werden muß, erst entscheiden muß, ob die Unternehmung Bestand haben wird.

Wir haben nun aber geglaubt, nicht bloß Lithographien und Zahlen in die Welt senden zu dürfen, sondern dies als einen Anlaß betrachtet, sie mit Aufsätzen zu begleiten, die sich auf irgendwelche verwandte Materien beziehen. So entsteht jährlich ein Buch, und die erste Publikation ist unlängst unter dem Titel *Resultate aus den Beobachtungen des Magnetischen Vereins vom Jahr 1836. Herausgegeben von C. F. Gauß und W. Weber.*[3] Göttingen, bei Ruprecht 1837, gr. 8°, erschienen und hat ohne Zweifel seinen Weg schon nach Kopenhagen gefunden. [...]

Sie werden nun den Nachgenuß haben, wenn Sie Ihre Kopenhagener Beobachtungen von 1836 zeichnen und mit den jetzt publizierten vergleichen. [...]

Stets mit freundschaftlicher Ergebenheit

der Ihrige C. F. Gauß

1 Hans Christian Oersted (Ørsted) (1777–1852), bedeutender dänischer Physiker; Professor in Kopenhagen.

2 Die Dieterichsche Buchhandlung in Göttingen, von 1839 bis 1843 die Weidmannsche Buchhandlung in Leipzig.

3 Gauß' Beiträge: Gauß 1863/1933, 5, S. 119–242. 345–351, 357 bis 392, 541–579; 12, S. 335–408. – Der Göttinger Magnetische Verein war eine internationale Arbeitsgemeinschaft von Gelehrten, die Gaußsche Meßmethoden und -apparate anwandten. Er löste das von Alexander von Humboldt initiierte Netz korrespondierender Messungen im In- und Ausland ab.

118

An H. C. Schumacher
Göttingen, 17. 8. 1839
Peters 1860/65, 3, S. 242

Im Anfange des vorigen Frühjahres hatte ich, Aneignung irgend einer neuen Fertigkeit als eine Art Verjüngung betrachtend, angefangen, mich mit der russischen Sprache zu beschäftigen (ich hatte es früher einmal mit dem Sanskrit versucht[1], dem ich aber gar keinen Geschmack abgewinnen konnte), und fand schon viel Interesse daran.

1 Zuvor hatte Gauß vorübergehend daran gedacht, sich mit Botanik zu befassen (Sartorius 1856, S. 91).

119

An A. von Humboldt
Göttingen, 13. 5. 1838
Biermann 1977a, S. 67–69

Mein höchst verehrter Freund, das freundliche Interesse, welches Sie an den neuen Hilfsmitteln, den Geheimnissen des Erdmagnetismus beizukommen, worüber ich an Ihrer Seite am 19ten Sep. einen Vortrag[1] zu halten die Freude hatte, nehmen, macht es mir zur Pflicht, Ihnen, was über dessen Bewährung seitdem vorgekommen ist, zu berichten. [...]

Es ist mir zumute, wie wenn eine neue Welt entdeckt, der Weg hinein geebnet und dann auf einmal das Tor vor uns zugeschlagen wird![2] Das Fortbestehen unseres Organs, der »Resultate«[3], wodurch für jetzt wenigstens die gemeinschaftliche Tätigkeit der Teilnehmer zusammengehalten wird, ja, das Fortbestehen meiner ganzen naturwissenschaftlichen Tätigkeit in Göttingen ist wesentlich an Webers Erhaltung für Göttingen geknüpft. Ich hatte früher große Hoffnung, Weber für Göttingen zu erhalten; sie sind in der letzten Zeit fast verschwunden. Ich setze jetzt fast meine letzte Hoffnung nur noch auf *Sie*. Möchten Sie bei der jetzigen Anwesenheit unseres Königs[4] in Berlin (wie ich eben aus der Zeitung sehe, ist er vorgestern dahin abgereist) einen günstigen Augenblick finden, die Zerstörung aller meiner Hoffnungen noch zu hindern und uns Weber zu erhalten.[5] In dieser Beziehung teile ich Ihnen alle dabei relevanten Umstände mit, damit Sie den bisherigen Gang und den jetzigen Stand beurteilen können. [...]

Ich habe zwar Weber alles Wesentliche mitgeteilt, aber mein Zartgefühl würde mir auch nicht einmal die Frage erlauben, ob er eine ›Erklärung‹, die wie eine Revocation[6] aussieht, zu geben fähig sei. [...] Allein auch abgesehen von zartem Ehrgefühl würde sogar gemeine Klugheit verbieten, sich zu so etwas zu verstehn, denn in welche Stellung würde ein solcher zu seinen Kollegen und zu den Studenten kommen! [...]

Meine Tochter[7] ist vorgestern mit Ewald nach Tübingen abgereist; ich habe seinetwegen keine Verwendung irgendwie auch nur versucht, da es gegen meine Handlungsweise ist, persönliche Rücksichten geltend zu machen. Göttingen wird seinen Verlust schwer empfinden. Unendlich schmerzlicher ist mir freilich die Trennung von meiner Tochter!

1 Anläßlich der 100-Jahr-Feier der Universität Göttingen sprach Gauß in Anwesenheit Alexander von Humboldts über ein neues Bifilar-Magnetometer (Gauß 1863/1933, 5, S. 357–373).
2 Bezieht sich auf die Amtsenthebung der »Göttinger Sieben«, unter ihnen Weber; siehe in der Einführung.
3 Vgl. Text Nr. 117.
4 Ernst August von Hannover.
5 Humboldt bemühte sich, aber er erreichte nichts.
6 Widerruf.
7 Minna Ewald, geb. Gauß. Sie begleitete ihren Ehemann Heinrich Ewald, der zu den Vertriebenen gehörte und einen Ruf nach Tübingen angenommen hatte.

120

An Therese Gauß
Göttingen, 24.7.1838
Mack 1927, S. 96

Durch Deinen Brief hast Du, mein liebes, liebes Kind, mich um so mehr erfreut, da das lange Ausbleiben aller Nachrichten schon angefangen hatte, mich zu beunruhigen. Ich freue mich herzlich, daß die Reise[1] doch für Dich nicht ganz ohne Genuß ist.

[...] Mein Gehör [...] ist [...] gänzlich wiederhergestellt.[2] [...] Es war auch gut, daß ich mich früher von dem Übel hatte befreien können, ehe Herschel herkam, dessen Herkunft mir schon vorher durch

1838 einen Brief von Weber angekündigt war, und mit welchem sonst meine Unterhaltung sehr erschwert gewesen sein würde. Er ist nur zwei Tage hier gewesen[3] und hatte seinen etwa 6-jährigen Sohn bei sich, einen wilden Knaben, mit dem Lottchen[4], während sein Vater mit mir in der Sternwarte oder im M[agnetischen] O[bservatorium] war, ihre liebe Not gehabt hat. In ein paar Wochen kommt vermutlich ein anderer Besuch, der Prof. Struve[5] aus Dorpat; hoffentlich erst, wenn Du zurück bist, so daß es möglich wird, ihn einmal bei uns zu bewirten.

Meine Hoffnungen wegen W[eber] sind doch nur sehr gering. Die Forderungen lauten zwar viel milder, als die aus B[erlin] damals gemeldeten[6]; allein wenn ich jedes genau erwäge, so finde ich doch mehreres darunter, wozu sich W[eber] schwerlich verstehen möchte. Ich habe ihm übrigens alles, gleich den Tag nach Deiner Abreise, nach London geschrieben[7], allein ich glaube nicht, daß mein Brief ihn dort noch getroffen hat. [...]

Die Frau v[on] W[ächter][8], der ich vor ein paar Tagen eine Visite gemacht habe, bestätigte, daß Minna sich jetzt sehr viel wohler befinde, als zu Anfang, wo sie ihr außerordentlich elend vorgekommen sei, daß sie es unbegreiflich gefunden habe, wie Ewald es habe zugeben können, daß sie in solchem Zustande eine solche Reise[9] machte. [...] Mit väterlicher inniger Liebe

G.

1 Gemeinsam mit ihrer Großmutter Charlotte Waldeck, geb. Wyneken, zur Erholung nach Bad Kissingen.

2 Gauß hatte befürchtet, taub zu werden, und es war ärztlicherseits bereits von einer Operation gesprochen worden. Die Ursache für seine Schwerhörigkeit war aber verhärtetes Ohrenschmalz, das Gauß ohne ärztliche Hilfe durch eingebrachtes Öl aufweichte und beseitigte. Sein Mißtrauen gegen die Mediziner wurde durch diesen Vorfall verstärkt (Schilling 1900/09, 2, S. 691–692).

3 Sir John Herschel war am 14. und 15.7.1838 in Göttingen.

4 Gauß' Wirtschafterin.

5 Wilhelm (Vasilij Jakovlevič) Struve (1793–1864), russischer, aus Altona stammender Astronom; ab 1839 Direktor der neu errichteten russischen Hauptsternwarte in Pulkovo.

6 A. v. Humboldt hatte am 9.6.1838 Gauß gemeldet, daß der König Ernst August von Hannover auf einer »ausdrücklichen Entsagung« Webers, also auf einem Widerruf seines Protestes (siehe in der Einführung) bestehe (Biermann 1977a, S. 71).

7 Weber hatte sich nach seiner Amtsenthebung über Leipzig und Berlin nach England begeben. Anfang August war er wieder in Deutschland.

8 Emilie Wächter, geb. Baumeister, eine Professorenfrau in Tübingen, hatte von dort einen Brief von Minna Ewald an Gauß mitgebracht.

9 Die Rede ist von der Übersiedlung des Ehepaars Ewald nach Tübingen im Mai 1838.

121

An P. G. L. Dirichlet

Göttingen, 2. 11. 1838

Michling 1970, S. 9[1]

Indem Sie in Ihrem Brief mehrere Gegenstände der Höheren Arithmetik erwähnen, tut mir das Herz weh. Denn je höher ich diesen Teil der Mathematik über alle anderen setze und von jeher gesetzt habe, umso schmerzhafter ist es mir, daß – unmittelbar oder mittelbar durch die *äußeren* Verhältnisse – ich so sehr von meiner Lieblingsbeschäftigung entfernt bin. Meine Theorie der Anzahl der Klassen der Quadratischen Formen, welche ich bereits 1801 besaß und auf deren Ausarbeitung ich mich als auf ein besonders reizendes Geschäft im voraus freute, habe ich von einer Zeit zur andren hinausschieben müssen. Vor etwa 2 oder 3 Jahren glaubte ich aber, die rechte Zeit gefunden zu haben, und habe damals wirklich schon ein Stück ausgearbeitet[2], bei welcher Gelegenheit sich mir mehreres interessantes, ganz Neues noch darbot (nicht in Beziehung auf den Bestand der Theorie selbst, welcher seit 1801 vollständig ist, sondern in Beziehung auf die dazu führenden oder einleitenden Wahrheiten.) Allein leider mußte ich das Geschäft wieder abbrechen und habe es bisher noch nicht wieder aufnehmen können, so schmerzlich mir dies auch gewesen ist. Gewiß wissen Sie übrigens auch selbst aus vielfacher eigner Erfahrung, was dergleichen *Wiederaufnahme* sagen will; es ist damit nicht wie mit Tagelöhnerarbeiten, in denen man jeden Augenblick abbrechen und jeden Augenblick wieder anfangen kann. Es gehört dazu dann immer erst viel Anstrengung und viele freie Zeit dazu, um dann alles wieder in vorige Frische zu bringen. [...] so wie mir nichts erfreulicher ist, als wenn ich bemerke, daß jemand die Wissenschaft nur um ihrer selbst willen kultiviert, so ist mir nichts widerlicher, als wenn Personen, die ich sonst wegen ihrer Talente hochschätze, ihre Kleinlichkeit des Charakters zur Schau tragen.

1 Vorher bereits wiederholt veröffentlicht.
2 Aus dem Nachlaß in: Gauß 1863/1933, 2, S. 269–291.

122

An H. C. Schumacher

Göttingen, 17. 12. 1838

Peters 1860/65, 3, S. 215

[Zu der Zeitungsmeldung, beim Druck der anläßlich des 100-jährigen Jubiläums der Universität Göttingen am 19. 9. 1837 gehalte-

 nen Vorträge hätten Erwähnungen der »Göttinger Sieben« eliminiert werden müssen, bemerkt Gauß:]
wenigstens in Beziehung auf *meine* Vorlesung[1], in welcher Weber genannt war, ist von keinem solchen Ansinnen irgendwie die Rede gewesen, sowie natürlich ich mir auch die allerkleinste Zensurabänderung nicht würde haben gefallen lassen. [...]

1 Siehe Text Nr. 119, Anm. 1.

123
An F. W. Bessel
Göttingen, 28. 2. 1839
Auwers 1880, S. 524–525

Ich besorge fast, daß Sie sich nach Boguslawskis[1] Mitteilung von dem, was ich durch meine Arbeit über die allgemeine Theorie des Erdmagnetismus[2] habe leisten wollen, eine falsche Vorstellung machen. Wenn es mir einerseits schmeichelhaft ist, daß Sie auf dessen baldige Publikation einen Wert legen, so muß ich mich doch über den harten Ausdruck, dessen Sie sich dabei bedienen, beklagen.[3] *Vorenthalten* kann man nur demjenigen vorwerfen, der etwas ganz fertiges, d. i. druckfertiges, zurückhält, wenn die Publikation in seiner Macht steht. Das ist etwas, was ich in meinem Leben noch nicht getan habe. Es ist zweierlei, mit einem Gegenstande für sich im wesentlichen ganz im reinen zu sein, und ihn für den Druck ausgearbeitet zu haben. Zu letzterm brauche ich, da ich einmal nicht anders als langsam arbeiten kann, *Zeit*, viel Zeit, viel mehr Zeit, als Sie sich wohl vorstellen mögen. Und meine Zeit ist vielfach beschränkt, sehr beschränkt. Ich brauche ferner dazu (zum *Aus*arbeiten in *diesem* Sinne viel mehr, als zum ersten Aufsuchen) Heiterkeit des Geistes, und die ist leider nur zu sehr und zu vielfach getrübt. Ich darf daher wohl bitten, billiger über mich zu urteilen.

[...] Übrigens war es nahe daran, daß die Unternehmung,[4] die mir auch deswegen lieb war, weil sie als Vehikel dienen sollte, meine theoretischen Untersuchungen *nach und nach* zu publizieren, mit dem zweiten Bande zerstört wäre.

Einmal wegen des Unglücks unserer Universität,[5] welches meinen geliebten Weber zu entfernen drohte, der nun aber wenigstens vorerst aus Anhänglichkeit an mich seinen Aufenthalt hier behält, wenngleich ohne einen Deus ex machina[6] zu einer gründlichen Sicherung keine Hoffnung ist. Zweitens wegen der Lauigkeit, womit das Publikum diese Unternehmung aufgenommen hat, der Verleger den Kontrakt nicht fortsetzen wollte. Für jetzt ist dies durch einen andern Verleger[7] gehoben, und wir wollen nun erwarten, ob das Publikum künftig beweisen will, daß ihm an dergleichen Arbeiten etwas gelegen ist.

1 Palm Heinrich Ludwig Prus von Boguslawski (1789–1851), Astronom im damaligen Breslau.
2 Gauß 1863/1933, 5, S. 119–193.
3 Bessel hatte am 28. 5. 1837 (!) an Gauß geschrieben: »Sie haben nie die Verpflichtung anerkannt, durch zeitige Mitteilung eines dem Ganzen angemessenen Teils Ihrer Forschungen die *gegenwärtige* Kenntnis der Gegenstände derselben zu befördern; Sie leben für die Nachwelt. [...] Wo würden die mathematischen Wissenschaften nicht allein in Ihrer Wohnung, sondern in ganz Europa jetzt sein, wenn Sie alles ausgesprochen hätten, was Sie aussprechen können« (Auwers 1880, S. 516–517). Diese Äußerung hat Gauß sehr übel genommen. Er nannte Schumacher gegenüber den Ton »unziemend« und fügte hinzu, er würde sich einen solchen Ton »nicht einmal gegen einen Untergebenen erlauben«, er wünschte daher, daß jener Brief Bessels bei einer Veröffentlichung seiner Korrespondenz mit ihm weggelassen werden solle (Peters 1860/65, 6, S. 11–12).
4 Gemeint sind die »Resultate«; siehe Text Nr. 117.
5 Die Amtsenthebung der »Göttinger Sieben«; siehe in der Einführung.
6 Im Sinne von: unerwarteter glücklicher Ausgang.
7 Siehe Text Nr. 117, Anm. 2.

124
An Minna Ewald
Göttingen, 20. 3. 1839

Zimmermann 1915, S. 137

Die königl[iche] Sozietät in London[1] hatte mir im vorigen November die Ehre erzeigt, mir ihre sogenannte Copley-Medaille[2] zuzuerkennen. Diese wird als die höchste Ehre angesehen, die die Sozietät austeilt. Du weißt aber, wie ich in Beziehung auf solche Ehrenbezeigungen gesinnt bin; indessen ist die Sache mir doch deswegen lieb, weil eine regere Teilnahme an den magnetischen Forschungen nun in England zu hoffen ist. [...] Die Medaille selbst ist übrigens hier noch nicht angelangt (sie liegt aber schon in Hannover); nach dem, was ich gehört habe, wird der Metallwert nur gering sein und wohl nur etwa 6 Louisd'or[3] betragen. Wäre er sehr viel größer, so würde ich die Medaille verkaufen und den Erlös unter Joseph und Wilhelm[4] teilen. Aber so ist's der Mühe nicht wert.

Daß so manche äußeren Verhältnisse eine heitere Gemütsstimmung bei mir nicht aufkommen lassen, wirst Du Dir leicht denken können. Unter den öffentlichen Verhältnissen fühlt sich jeder in ängstlicher Spannung, und niemand kann wissen, was der morgende Tag bringen wird.

1 The Royal Society of London.
2 Nach dem Stifter Baronet Godfrey Copley (gest. 1709) benannt.
3 Mit der (damals schon veralteten) Bezeichnung Louisd'or waren goldene Fünftalerstücke gemeint. Der Goldwert der »Copley Medal« entsprach etwa dem von 7 solcher goldenen Fünftalerstücke.
4 Gauß' Söhne. Eugen Gauß sollte also nichts erhalten; vgl. Text Nr. 93, Anm. 4.

125

An H.C. Schumacher
Göttingen, 20.4.1839
Peters 1860/65, 3, S. 230

Das schwarze Siegel[1] deutet auf den Verlust meiner guten Mutter[2], die vorgestern, fast 96 Jahre alt, aus diesem trüben Leben abgeschieden ist. Schon seit mehreren Jahren war sie völlig erblindet, und in den letzten Monaten schwanden ihre Kräfte schnell hin. Sie erlosch ohne eigentliche Krankheit.

1 In Trauerfällen verwendete man schwarzen Siegellack zum Verschließen der Briefe.
2 Dorothea Gauß, geb. Benze.

126

An H.C. Schumacher
Göttingen, 15.5.1839
Gerardy 1969, S. 100

Es wäre mir daran gelegen gewesen, ihn [Parish][1] zu sprechen, um seinen Rat zu erhalten, wie man auf ganz *sichere* und *wenigst kostspielige* Weise Geld nach Amerika überweisen kann, indem ich meinem Sohn Eugen, der sich jetzt ganz gesetzt zeigt, das noch in meinen Händen befindliche mütterliche Erbteil (wovon ein großer Teil sogar bar hier in loco[2] disponibel ist) zu extradieren[3] geneigt bin. [...] Ich verstehe von solchen Geschäften schlechterdings gar *nichts*[4] und bedarf also einer in das kleinste Detail eingehenden Belehrung, die, wie ich fürchte, durch bloßen Briefwechsel schwer zu erhalten ist.

1 Richard Parish (1774–1858), Hamburger Kaufmann, Freund Schumachers.
2 Am Ort.
3 Auszuhändigen.
4 Gauß liebte es gelegentlich, mit seiner Unwissenheit und Ungeschicklichkeit in allen finanziellen, organisatorischen und administrativen Angelegenheiten zu kokettieren. In Wahrheit war in Göttingen die Geschicklichkeit, mit der Gauß sein Vermögen zu vermehren wußte (siehe hierzu in der Einführung), fast »sprichwörtlich« (Can-

tor 1878, S. 444), und Sartorius bescheinigte ihm, er »würde ohne Zweifel ein vortrefflicher Finanzminister gewesen sein« (Sartorius 1856, S. 90). An der gleichen Stelle sagte Sartorius, Gauß sei ein entschiedener Feind aller »kleinlichen Finanzoperationen« gewesen, die er »Pfennigfuchsereien« nannte. Indessen zeigt folgendes Beispiel, daß Gauß auch kleinere Beträge zu schätzen wußte: Er erhielt die Ausgaben für die geodätischen Messungen in Gold ersetzt, leistete aber die Zahlungen in der niedriger im Kurs stehenden sogenannten Konventionsmünze. Das brachte ihm von 1825 bis 1827 eine zusätzliche Einnahme von insgesamt 230 Talern, bis ihm dies Vorgehen von der Rechnungsprüfung untersagt wurde (Gerardy 1977b, S. 363).

127
An Minna Ewald
Göttingen, 16. 7. 1839

Zimmermann 1915, S. 138–139

[Es] bleibt mir nur eben noch Zeit, Dir ein Lebenszeichen zu geben und Dir zu sagen, wie sehr ich mich darauf freue, Dich bald wieder hier zu sehen[1]. [...] Ich freue mich sehr, daß ich Deinen Entschluß [,mich zu besuchen,] auch als einen Beweis betrachten darf, daß es mit Deiner Gesundheit gut geht. Ich selbst leide diesen Sommer wieder sehr von der schwülen Hitze und bin dazu mit Arbeiten überhäuft. Ich habe zwei Kollegia zu lesen[2] und dazu bin ich von Hannover aus angetrieben, die Maß- und Gewichtsangelegenheit zu Ende zu bringen.[3] Schon seit fast zwei Monaten habe ich mit Wägungen zu tun, eine ungemein zeitraubende Arbeit, die noch nicht vollendet ist, und doch ist dies nur *ein* Teil des ganzen Geschäfts, welches ich, als ich damit vor 2 ½ Jahren behelligt wurde, gewiß ganz abgelehnt haben würde, wenn ich nicht damals mit Sicherheit auf Webers kräftigen Beistand gerechnet hätte. Ich werde herzlich froh sein, wenn diese undankbare Aufgabe erst vorbei ist, neben welcher ich zu wissenschaftlichen Beschäftigungen gar nicht kommen kann. [...]

Für den Grundriß von Tübingen danke ich Dir recht sehr. Ich kann mich aber nach der Vorstellung, die ich 1825 bekommen hatte[4], nicht gut zurechtfinden, ich hatte mir z. B. den Schloßberg gerade auf der entgegengesetzten Seite gedacht, Du mußt mir selbst den Wegweiser darin machen, sowie in der Umgebung von Tübingen, wovon ich eine sehr detaillierte Karte jetzt habe. Leb wohl, mein liebes Kind, und komm heiter und vergnügt zu Deinem Dich liebenden Vater

C. F. Gauß

1 Es war das letzte Mal, daß Gauß seine Tochter wiedersah; siehe Text Nr. 132.

2 Zwei Vorlesungen zu halten.
3 Siehe Texte Nr. 88 und 116.
4 Siehe Text Nr. 79.

128

An H. C. Schumacher
Göttingen, 8. 9. 1839
Peters 1860/65, 3, S. 269

Das Schachspiel ist mir keineswegs fremd, sondern in frühern Zeiten sehr familiär gewesen. Es ist aber meinen sonstigen Beschäftigungen zu sehr analog, um als eine *Erholung* betrachtet werden zu können, dazu ist etwas von jenen Heterogeneres nötig.[1]

1 Schumacher hatte vorgeschlagen, Gauß solle sich doch statt mit der russischen Sprache (vgl. Text Nr. 118) lieber mit dem Schachspiel beschäftigen (Peters 1860/65, 3, S. 248–250).

129

An H. C. Schumacher
Göttingen, 11. 10. 1839
Peters 1860/65, 3, S. 294

Wo, wie hier, erstens ein überaus schlechtes Hypothekenwesen ist, zweitens die Grundstücke immer mehr zur Wertlosigkeit herabsinken und drittens persönliche Individualität nicht erlaubt, fortwährend die größte *Vigilanz*[1] auszuüben, da riskiert man bei Privatbelegungen[2] hundertmal mehr als bei Staatspapieren, und ich selbst habe an *jenen*, sowohl an eigenen als an administrierten Geldern[3], *sehr* bedeutende Verluste gehabt. Gelegenheit zu Privatbelegungen, denen unter solchen Umständen eine größere Sicherheit beigemessen werden könnte, ist mir in 30 Jahren auch nicht eine einzige vorgekommen.

1 Wachsamkeit.
2 Gewährung hypothekarisch gesicherter Kredite an Privatpersonen.
3 Dabei dürfte es sich um Erbteile handeln, die Gauß für seine Kinder bis zu dem Zeitpunkt verwaltete, an dem sie die Verfügungsberechtigung erlangten, aber auch um das Vermögen seiner zweiten Frau Minna, geb. Waldeck.

DAS ALTER: BLICKE ZURÜCK UND NACH VORN

1840 / 1855

130

An Minna Ewald

Göttingen, 21.4.1840

Zimmermann 1915, S. 139–140

Von hier ist leider eben nichts Erfreuliches zu melden; in der letzten Zeit ist so mancherlei trübe Stimmendes vorgekommen, und zuletzt noch die Krankheit Deiner Schwester[1], die mehrere Wochen bettlägerig gewesen ist und erst heute zum ersten Male wieder am Tisch gesessen hat. Der Grund der Krankheit mag weniger körperlich als psychisch gewesen sein; leider habe ich nach der gewöhnlichen Verschlossenheit Deiner Schwester nur wenig davon erfahren und nur bemerkt, daß eine Mißstimmung zwischen ihr und der Großmutter[2] eingetreten ist, in deren Folge letztere sogar von hier wegzuziehen beabsichtigt. Aber von dem Näheren weiß ich nichts und habe also nur, allerdings unerfreuliche, Mutmaßungen. Vielleicht ist Th[erese] in dem angeschlossenen Briefe an Dich offener.

Der Tod von Olbers[3] hat mich sehr gebeugt, und doch kann ich ihm nur Glück wünschen. Außer Klagen über seine körperlichen Leiden sprachen seine Briefe schon seit längern Jahren sich oft darüber aus, wie schmerzlich es sei, beim Altwerden immer mehr alleine zu stehen. Und doch hatte er darin so große Vorzüge vor andern, eine ganz unabhängige Lage, einen ruhigen Charakter, der alles leicht von der Sonnenseite auffaßte, und durch seinen Sohn[4] eine Pflege, die ihm die Beschwerden des Witwerstandes wenig fühlbar werden ließen.

Joseph scheint sich in seinem neuen Ehestande[5] sehr wohl zu fühlen. Der Himmel gebe seinem Glücke Dauer.

1 Therese Gauß.
2 Charlotte Waldeck, geb. Wyneken.
3 Am 2.3.1840.
4 Georg Heinrich Olbers (1790–1862), Senator in Bremen.

5 Joseph Gauß hatte am 18.3.1840 die Arzttochter Sophie Friederike Erythropel geheiratet.

131
An H.C. Schumacher
Göttingen, 8.8.1840
Peters 1860/65, 3, S. 394

Mit meinem Russischen bin ich so weit, daß ich mit einem Wörterbuche, ohne übermäßig vieles Aufschlagen, dergleichen[1] wohl verstehn kann, Kupffers[2] Rukowodtswo (Anleitung, magnetische und meteorologische Beobachtungen zu machen) lese ich mit einer gewissen Fertigkeit, so daß ich für eine Seite zuweilen kaum ein halbdutzendmal das Wörterbuch zu befragen habe. Mit Dichtern geht es schwerer. Ich besitze drei Bände von Puschkins[3] Werken, wo ich aber immer mehr unbekannte Wörter als bekannte finde und also nur sehr langsam etwas lesen kann. Sein »Boris Godunow«[4] spricht mich sehr an. Lieber wäre es mir aber, prosaische Unterhaltungslektüre zu besitzen, z.B. russische Originalromane oder auch Übersetzungen, z.B von Walter Scott[5].

1 Wie die ihm von Schumacher zugesandte Beschreibung der Sternwarte zu Kazań.
2 Der russische Physiker Adolf Theodor (Adol'f Jakovlevič) Kupffer (1799–1865) hatte in der zweiten Oktoberhälfte 1839 in Göttingen neben anderen in- und ausländischen Physikern an einer Beratung über Fragen der Theorie und Praxis der geomagnetischen Beobachtungen teilgenommen.
3 Aleksandr Sergeevič (Alexander Sergejewitsch) Puškin (Puschkin), 1799–1837, der größte russische Dichter.
4 Für das Volk eintretendes, gegen die Autokratie gerichtetes Nationaldrama.
5 Sir Walter Scott (1771–1832), historisch-realistischer schottischer Schriftsteller; von Gauß sehr geschätzt.

132
An H. Ewald
Göttingen, 22.8.1840
Zimmermann 1915, S. 140–141

Schon mehrere Male, lieber Ewald, seit Empfang Ihrer beiden, zugleich eingetroffenen Briefe habe ich die Feder angesetzt, um meine Tränen mit den Ihrigen zu vermischen[1], aber die Kraft hat mir versagt. Noch jetzt kann ich mich gar nicht darein finden, daß mein geliebtes engelgleiches Kind uns für diese Erde verloren ist. Immer war es meine liebste, meine tröstlichste Hoffnung, mit ihr noch hier wiedervereinigt zu werden und meine letzten Lebensjahre dadurch erheitert zu sehen. Sie ist nun hin, diese Hoffnung! Gott gebe uns Kraft, den schweren Schmerz zu ertragen. Selbst des Trostes bedürftig, kann ich Ihnen, lieber Ewald, keinen andern zusprechen, als daß die Herrliche ihrer Erdenleiden enthoben und in die bessere Heimat eingegangen ist. Sie haben ihren Wert zu schätzen gewußt. Selten sieht die Erde so durch und durch reine Wesen. Sie war das Ebenbild ihrer Mutter.[2] *1840*

Zu meinem Schmerze kommt die Sorge um Therese[3], die auch durch Krankheit sehr herunter gekommen ist. [...] Möge der Himmel sie stärken!

Möge der Himmel auch Sie stärken, lieber Ewald, und mögen Sie mir von Zeit zu Zeit Nachricht von Ihrem Befinden geben. Wenn wir die Seligkeit der Unsterblichen nach menschlichem Maßstabe messen dürfen, so wird die der Verklärten, die hienieden ihr Glück nur in dem Glücke derer fand, die sie liebte, solange unvollkommen sein, als diese von Kummer niedergebeugt sind.

Stets mit herzlicher Freundschaft
Gauß

1 Minna Ewald, geb. Gauß, war am 12.8. 1840 in Tübingen gestorben.
2 Johanna Gauß, geb. Osthoff, Gauß' erste Frau.
3 Therese Gauß, die Stiefschwester Minna Ewalds.

133
An Therese Gauß
Göttingen, 23.8. 1840
Mack 1927, S. 103

Geliebtes Kind, wie kannst Du nur einen Augenblick für möglich halten, daß ich zu Deiner sofortigen Rückkehr meine Zustimmung geben könnte. Ich schweige von unserm gemeinschaftlichen Schmerz[1], der uns alle so tief niederbeugt. Laß uns jetzt nur an *Dich* denken. Eine Erholung tut Dir so sehr not. Du findest sie jetzt nirgends besser, als wo Du bist:[2] bei Joseph und seiner Gattin[3], an die [Du] Dich gleich wie an eine Schwester zu meiner großen Freude angeschlossen hast. Zu *meiner* Aufrichtung und Tröstung kann für jetzt nichts mehr und kräftiger wirken, als wenn ich erfahre, daß Du in dieser Umgebung heiterer und gesunder wirst. *Darauf* laß zunächst all Deine Sorge gerichtet sein.

1 Über den Tod von Minna Ewald, geb. Gauß; siehe Text Nr. 132.
2 In Stade.
3 Therese Gauß' Stiefbruder Joseph Gauß und Thereses Schwägerin (siehe Text Nr. 130, Anm. 5) Sophie Friederike Gauß, geb. Erythropel.

134
Zu F. W. Bessel
Göttingen, im Juni 1842
Biermann 1966, S. 15

Bessel berichtet seinem Freund Schumacher am 21. 11. 1842 über die Aufnahme, die er im Juni auf der Durchreise nach England bei ihrem gemeinsamen Freund Gauß gefunden hatte:

Sie wissen, daß ich ein paar Tage daran wandte, einen Umweg und den Aufenthalt in Göttingen zu machen.[1] Ich ging, nachdem ich gegessen und [mich] angekleidet hatte, zu Gauß, fand ihn aber *bissig*. Er sprach von dem Aufenthalte in England und schilderte die Diät als verderblich. Ich meinte, ich müßte mich danach einrichten; ich hätte die Absicht, nicht regelmäßig zu dinieren, sondern einige Suppe und Beefsteaks als Frühstück zu genießen. Bei dem Worte Beefsteaks sprach er von *Zähnen* [...] Mir war das sehr lächerlich; aber das war gut, denn wenn das nicht gewesen wäre, so würde ich mich kaum überwunden haben, auf seinen Tadel über seine eigenen Zähne nicht mit dem Beruhigungsgrunde zu antworten, daß ihm doch das *Beißen* noch Vergnügen mache, wenn er auch nicht viel damit ausrichte.[2] [...] Am nächsten Morgen aber war er ganz liebenswürdig, so daß es mir am Ende doch noch lieb war, nach Göttingen gegangen zu sein.

1 Gauß und Bessel hatten sich seit 1825 nicht gesehen und bei jener Gelegenheit nur für eine Stunde in Gegenwart anderer Astronomen.

2 Bessel ergänzte am 5. 12. 1842: »Die übele Laune von Gauß mußte irgendwie frei werden! Ich bin weit entfernt, übele Laune übel zu nehmen, und erzählte Ihnen die kuriose Art, wie Gauß eine ihm erwiesene Aufmerksamkeit anerkennt, nur ihrer Kuriosität wegen. Eine ähnliche Aufmerksamkeit von Ihnen hat er früher ebenso erwidert. [Siehe Text Nr. 109.] Übrigens bin ich auch nicht immer gut gelaunt.« (Biermann 1966, S. 15). Schumacher erwiderte am 21. 12. 1842: Gauß »ist einer der sonderbarsten Menschen in der Welt, dem man mit allen seinen rauhen Ecken doch eigentlich nicht böse sein kann, wenn man sich auch oft ärgert. Aufmerksamkeiten, wie Sie bemerken und wie ich aus wiederholter eigener Erfahrung weiß, werden gewöhnlich durch Äußerungen übler Laune anerkannt. Nachdem ich das weiß, finde ich, daß es weit besser geht, wenn man, ohne etwas Übriges zu tun, genau in den Grenzen der gewöhnlichen Höflichkeit bleibt. [...] Weber behauptet, daß Gauß' üble Laune hauptsächlich von – Leichdornen [d. i. Hühneraugen] komme, von denen er in einem außergewöhnlichen Maße geplagt sein soll. Gauß ist, nach seiner [Webers] Aussage, wenn diese ihm hart zusetzten, so ärgerlich und verdrießlich als möglich und ein paar Stunden nachher, wenn der Schmerz aufgehört hat, die Liebenswürdigkeit selbst. Daß er auch das letzte sein kann, weiß ich gleichfalls aus eigener Erfahrung, es kommt aber nicht häufig vor« (Biermann 1966, S. 15). Am 26. 12. 1842 beendete Bessel das Thema

mit folgender Bemerkung: »Mit Gauß hat es nichts zu sagen. Ein bißchen übele Laune ist nicht von Bedeutung; sie würde sich vollkommen zum Vergessenwerden eignen, selbst wenn sie folgenden Tages nicht gänzlich verschwunden wäre. Wenn der Kopf so schwer ist und die Füße schwach sind, wie soll da immer sicheres Gleichgewicht sein können?« (Biermann 1966, S. 16.)

135
Zu I. M. Simonov[1]
Göttingen, 28.–30. 9. 1842
Simonov 1844, S. 315–321[2]

Simonov berichtet von seinem Besuch in Göttingen:

Meine Gedanken strebten nach Rußland[3], aber Verpflichtungen verschiedener Art veranlaßten einen Aufenthalt in Göttingen und in Dresden. In der erstgenannten Stadt sollte ich den großen Mathematiker und Astronomen Gauß sehen. Sein Name hatte sich meinem Gedächtnis schon zu der Zeit eingegraben, als ich noch meinem unvergeßlichen Professor Bartels[4], dem Landsmann und Freund von Gauß, auf der studentischen Schulbank gegenübersaß. [...] Gauß zeigte mir selbst mit Vergnügen die Sternwarte und das magnetische Observatorium. Er leitet beide Institutionen, befaßt sich aber gegenwärtig mehr mit astronomischen Beobachtungen. [...] Ich blieb drei Tage in Göttingen, und jeden Tag unterhielt ich mich mit dem bedeutenden Gauß, und zwar nicht nur über die uns beschäftigenden wissenschaftlichen Dinge, sondern in nicht geringerem Maße auch über die russische Literatur. Es ist erstaunlich, daß der hervorragende Mathematiker im siebenten Lebensjahrzehnt noch angefangen hat, Russisch zu lernen[5] und es bis zum Verständnis von Dichtern und Schriftstellern brachte. Beim Lesen russischer Bücher studierte er die in ihnen vorkommenden Ausdrücke bis zur letzten Feinheit. Er sagt, daß der Wunsch, russische Werke im Originaltext zu lesen, eine Folge des Verlangens nach Erprobung seines 60jährigen Gedächtnisses sei.

1 Ivan Michajlovič Simonov (1794–1855), Teilnehmer an der russischen Antarktisexpedition 1819/21, Astronom in Kazań.
2 Aus dem Russischen übersetzt; Biermann 1964a, S. 46.
3 Simonov hatte während seiner Reise von einer Feuersbrunst gehört, die am 5. 9. 1842 seine Heimatstadt verheert hatte.
4 Siehe Text Nr. 7, Anm. 2. – Biermann 1973a, S. 14.
5 Vgl. Text Nr. 118.

136
An W. Weber
Göttingen, 21.5.1843
Weber 1893, S. 77

In den letzten zwei Monaten habe ich mich viel mit eignen mathematischen Spekulationen beschäftigt[1], die mir viel Zeit gekostet, ohne daß ich eigentlich mein erstes Ziel bisher erreicht hätte. Immer wurde ich von den vielfach sich kreuzenden Aussichten von einer Richtung in eine andere gelockt, mitunter auch von Irrlichtern, wie dies bei mathematischen Spekulationen nichts Seltenes ist.

1 Am 12.5.1843 schrieb Gauß hierzu an Schumacher: »Jene Spekulationen betrafen großenteils weniger neue Sachen, als Durchführung neuer eigentümlicher Methoden, zuletzt u. a. mehreres, sich auf die Kegelschnitte Beziehendes« (Peters 1860/65, 4, S. 145). In diesem Zusammenhang kam Gauß dazu, sich näher mit dem »barycentrischen Calcul« (Leipzig 1827) seines früheren Schülers, des Leipziger Astronomen August Ferdinand Möbius (1790–1868) zu befassen (Peters 1860/65, 4, S. 147–148).

137
An C. L. Gerling
Göttingen, 4.2.1844
Schaefer 1927, S. 666–667

Übrigens hat in den letzten Dezennien ein Russe (Lobatschefsky[1], Staatsrat und Prof. in Kasan) einen ähnlichen Weg [wie János Bolyai[2]] eingeschlagen. Er nennt die nichteuklidische Geometrie die imaginäre Geometrie [...] und hat darüber in russischer Sprache viele sehr ausgedehnte Abhandlungen gegeben [...], die ich, glaube ich, alle besitze, aber ihre genaue Lektüre noch verschoben habe, bis ich mich einmal mit Muße wieder in dies Fach werfen kann und das Lesen russischer Bücher mir noch geläufiger ist als jetzt.

1 Nikolaj Ivanovič Lobačevskij; vgl. Text Nr. 15.
2 Siehe Text Nr. 99.

138
An E. Gauß
Göttingen, 15.2.1844[1]
Cajori 1899, S. 700–701

Mein lieber Sohn!

Die in Deinen beiden Briefen an mich und Therese [Gauß] enthaltene Anzeige von Deiner beschlossenen und nahe bevorstehenden Verheiratung habe ich in mehrern Beziehungen mit Vergnügen aufgenommen.[2] Bei der Unmöglichkeit, über Verhältnisse und Personen aus eigner Kenntnis ein Urteil zu bilden, überlasse ich mich gerne dem Vertrauen, daß Dein Alter und Deine Erfahrungen Dich vor solchen Täuschungen, in welche wohl unbesonnene und unerfahrene Jünglinge verfallen, bewahren. Ich wünsche und hoffe daher herzlich, daß alle die schönen Tugenden, welche Du von Deiner künftigen Lebensgefährtin rühmst und die den Mangel äußerer Glücksgüter für einen verständigen und auf eigenen Füßen feststehend sich fühlenden Mann wohl aufwiegen, sich stets als echt bewähren werden, zugleich aber auch, daß Du Dich des Besitzes eines solchen Schatzes immer würdig beweisen werdest und daß so die Verbindung zu Eurer beider wahrem Glück gedeihe.

Auch Deine beiden Brüder[3] haben sich Lebensgefährtinnen ohne Vermögen gewählt. [...]

Unter den herzlichsten Wünschen für das dauernde Glück Eurer Verbindung

Dein treuer Vater
C. F. Gauß

1 Im Druck irrtümlich »1848«.
2 Eugen Gauß hatte am 10. 12. 1843 seinem Vater seine Absicht mitgeteilt, die Amerikanerin Henrietta Fawcett (aus Virginia) zu heiraten: »Ich möchte so gern ein freundliches Wort aus meiner Heimat noch vor meiner Hochzeit hören« (Mack 1927, S. 116). Die Hochzeit fand jedoch bereits am 14. 2. 1844 statt.
3 Joseph Gauß (siehe Text Nr. 130, Anm. 5) und Wilhelm Gauß, der vor seiner Auswanderung in die USA am 21. 8. 1837 die Pastorentochter Luise Fallenstein geheiratet hatte, wie erwähnt eine Nichte Bessels.

139
An C. L. Gerling
Göttingen, 14. 7. 1844
Schaefer 1927, S. 703

Ich habe unlängst einen jungen Mathematiker, Eisenstein[1] aus Berlin, kennengelernt, der mit einem Empfehlungsschreiben von Humboldt hierher kam. Dieser noch sehr junge Mann zeigt *sehr* ausgezeichnetes Talent und wird gewiß Großes leisten.

1 Der mittellose Berliner Mathematiker Gotthold Eisenstein (1823 bis 1852) war in der zweiten Junihälfte 1844 zu Gauß gereist, von A. von Humboldt mit der »wärmsten aller Empfehlungen« und mit einem Geldgeschenk von 70 Talern versehen. Er gewann die höchste Wertschätzung Gauß' und dessen nicht mehr abreißende Anteilnahme an seiner kurzen Lebens- und Laufbahn (Biermann 1959, S. 124; Eisenstein 1975, 2, S. 922).

140

An P. H. Fuß[1]

Göttingen, 29. 7. 1844

Kol'man 1955, S. 386–387[2]

Das Vergnügen, welches mir die Beschäftigung mit der russischen Sprache und Literatur gewährt, ist nicht erkaltet und wird mir wohl stets treu bleiben. Ich habe vor kurzem mit vielem Genuß die »Zapiski 1814 i 1815 godov«[3] von Danilefsky[4] gelesen, eines der wenigen russischen Bücher, die aus unserer Zeit sich auf hiesiger Bibliothek befinden. Bei einer Stelle konnte ich mich des Lachens nicht enthalten: p. 129[5], wo der Besuch der hohen Herrschaften auf der Ofener Sternwarte erwähnt wird.[6] Reichenbach, der damals dort anwesend war (er hatte die Instrumente selbst hingebracht und aufgestellt) machte den Cicerone[7] und wurde sogar von Danilefsky für den Chef der Sternwarte gehalten. Der gute Reichenbach hat mir selbst viel von seinem damaligen Aufenthalt in Ofen erzählt[8], sich aber nicht träumen lassen, daß seine gelehrten Explikationen den vornehmen Gästen nur Langeweile machten.[9] – Die Geschichte des Feldzugs von 1812 von demselben Verfasser habe ich gleichfalls mit dem lebhaftesten Interesse gelesen, obwohl nur in einer Übersetzung von Goldhammer,[10] womit ich mich jedoch jetzt begnüge. Allein in dem IV. Teil des Werks (S. 256 der Übersetzung) bezieht sich der Verfasser auf seine künftige ausführliche Darstellung des Feldzugs von 1813, wovon ich nicht weiß, ob sie bereits erschienen ist oder nicht[11]; im ersten Fall möchte ich mich an Ihre, mir so äußerst gütig angebotene Vermittlung wenden, da ich nicht zweifle, daß dieses Werk nicht weniger interessant sein wird als die vorhin genannten. Bin ich nicht zu unbescheiden, wenn ich bitte, bei dieser oder irgendeiner andern künftigen Sendung mir auch ein paar belletristische Sachen mitzuschicken, ich habe gedacht etwa die »Kapitanskaja dočka«[12] von Puschkin und einen Roman eines Ungenannten, der, wenn ich richtig buchstabiert habe, »Nerovnja« heißen wird[13] und der eine treue Schilderung der sozialen Zustände Rußlands, besonders bei den mittlern Ständen, enthalten soll. Wenn ich mich recht erinnere, waren diese beiden Produktionen in einem (übrigens etwas oberflächlichen) Artikel über die russische Literatur von Varnhagen von Ense[14] in Ermans Zeitschrift[15] ganz besonders gepriesen. Ihre Auslagen werde ich dankbarlichst auf irgendwelchem, mir angezeigten Wege erstatten.

1 Paul Heinrich (Pavel Nikolaevič) Fuß (1798–1855), russischer Mathematiker, wie zuvor sein Vater Nikolaus Fuß (siehe Text Nr. 29) Ständiger Sekretär der Petersburger Akademie.

2 Dort Faksimile, danach hier transkribiert. Die Anmerkungen unter Benutzung der Erläuterungen S. 393–394.
3 Aufzeichnungen aus den Jahren 1814 und 1815 (erschienen Petersburg 1831/41).
4 Aleksandr Ivanovič Michajlovskij-Danilevskij (1790–1848), russischer General und Militärhistoriker.
5 Teil 2, 1832.
6 Zar Alexander I. von Rußland (1777–1825), der österreichische Kaiser Franz I. (1768–1835) und der preußische König Friedrich Wilhelm III. besuchten am 26. 10. 1814 von Wien aus die Sternwarte von Buda (rechts der Donau gelegener Teil von Budapest).
7 Fremdenführer.
8 Im Mai 1816, als Gauß Reichenbach besuchte; siehe Text Nr. 62. Der Direktor der Sternwarte in Buda war Johann Pasquich (1759 bis 1829).
9 Michajlovskij-Danilevskij, damals Flügeladjutant Alexanders I., schrieb a. a. O., ihn und die ganze Gesellschaft hätte die schöne Aussicht mehr interessiert als Reichenbachs gelehrte Erklärungen.
10 Geschichte des vaterländischen Krieges im Jahre 1812, aus dem Russischen übersetzt von C. R. Goldhammer, Bd. 1–4, Riga und Leipzig 1840.
11 Sie war 1843 erschienen.
12 Die Hauptmannstochter (1836).
13 Gauß hatte richtig gelesen. Der Autor der 1839 veröffentlichten Erzählung war der Arzt und Schriftsteller Vasilij Ivanovič Orlov (1792 bis 1860).
14 Karl August Varnhagen von Ense (1785–1858), Diplomat und oppositioneller Publizist in Berlin.
15 Archiv für wissenschaftliche Kunde von Rußland, 1841 bis 1867 hrsg. von dem Berliner Geophysiker und Weltreisenden Georg Adolph Erman (1806–1877), Schwiegersohn Bessels. Der erwähnte Artikel Varnhagens in Bd. 1 (1841), S. 231 ff.

141
An W. Weber
Göttingen, 19. 3. 1845

Gauß 1863/1933, 5, S. 627–629

Hochgeschätzter Freund!

Seit Anfang dieses Jahres ist unaufhörlich auf so vielfache Weise meine Zeit in Anspruch genommen und zersplittert, und von der andern Seite mein Gesundheitszustand anhaltenden Arbeiten so wenig günstig gewesen, daß ich bisher gar nicht habe dazu kommen können, den mir von Ihnen gütigst vor zwei Monaten zugesandten kleinen Aufsatz[1] durchzugehen, und daß ich erst jetzt eine flüchtige Durchsicht habe vornehmen können. Diese hat mir aber gezeigt, daß der Gegenstand zu denselben Untersuchungen gehört, mit denen ich mich vor etwa 10 Jahren (ich meine besonders 1834–1836) sehr ausgedehnt beschäftigt habe, und daß, um ein gründliches und erschöpfendes Urteil über Ihren Aufsatz aussprechen zu können, es nicht zureicht, *diesen* durchzulesen, sondern daß ich mich erst wieder ganz in meine eignen Arbeiten aus jener Zeit würde hineinstudieren müssen, was einen um so längeren Zeitraum erfordern würde, da ich jetzt bei einer versuchsweise vorgenommenen Papier-Durchmusterung erst einige nur fragmentarische Bruchstücke aufgefunden habe, obwohl wahrscheinlich viel mehr noch vorhanden sein wird, wenn auch nicht in vollständig geordneter Form.

Darf ich aber, jenen Gegenständen seit mehreren Jahren entfremdet, auf dem Grund des Gedächtnisses eine Urteilsäußerung mir verstatten [...][2]

Vielleicht bin ich im Stande, mich etwas mehr wieder in diese mir jetzt so fremd gewordenen Sachen hineinzustudieren, bis Sie, wie Sie mir Hoffnung gemacht haben, Ende April oder Anfang Mai[3] mich mit einem Besuche erfreuen.

Ich würde ohne Zweifel meine Untersuchungen längst bekanntgemacht haben, hätte nicht zu der Zeit, wo ich sie abbrach, das gefehlt, was ich als den eigentlichen Schlußstein betrachtet hatte. Nil actum reputans si quid superesset agendum[4] [...]

1 Es dürfte sich um Teile der 1846 publizierten Arbeit Webers »Elektrodynamische Maßbestimmungen über ein allgemeines Grundgesetz der elektrischen Wirkung« (Weber 1892/94, 3, S. 25 ff) gehandelt haben.

2 Gauß gibt hier u. a. eine allgemeine Andeutung der Nahwirkung der elektromagnetischen Erscheinungen mit endlicher Fortpflanzungsgeschwindigkeit.

3 Weber besuchte Gauß in der Tat Ende Mai 1845 (siehe Text Nr. 143). Nach Göttingen konnte er erst 1849 aus Leipzig endgültig zurückkehren.

4 Nichts für erledigt haltend, so lange noch etwas zu tun übrig bleibt.

142

An H. C. Schumacher
Göttingen, 4. 5. 1845
Gerardy 1969, S. 172

Mein ältester Sohn[1] nimmt jetzt teil an den Vorarbeiten für die von Hannover oder Hildesheim über Göttingen nach Kassel zu führende Eisenbahn.[2] Von meinen beiden anderen Söhnen (beide jenseits des Mississippi etabliert) habe ich in den letzten Monaten sehr befriedigende Nachrichten gehabt. Der eine[3] ist Kaufmann, der andere[4] Landwirt, beiden geht es wohl, und durch den einen[5] bin ich schon Großvater von drei Enkeln; verheiratet ist der andere[6] seit kurzem auch.

1 Joseph Gauß.
2 Aber noch unter Verbleib in seinem militärischen Dienstverhältnis.
3 Eugen Gauß.
4 Wilhelm Gauß.
5 Wilhelm Gauß.
6 Eugen Gauß; siehe Text Nr. 138, Anm. 2. – Gauß schreibt versehentlich auch hier »der eine«.

143
An A. von Humboldt
Göttingen, 9. 7. 1845
Biermann 1977a, S. 88–89

Gern hätte ich die Reise nach Cambridge[1] gemacht, es hielt mich aber (freilich auch neben andern Gründen) die Sorge um meine Gesundheit davon ab, und ich freue mich jetzt dieser Verleugnung, da der heurige Sommer so furchtbar heiß ausfällt, daß er mir auch, wo ich zwischen meinen vier Pfählen bleiben darf, fast unerträglich wird. Das in der vergangenen Nacht hier eingetretene Gewitter scheint einige Linderung zur Folge zu haben. Weber hat, seitdem er 1843 Göttingen verlassen hat, mich schon oft, zuletzt vor einem Monat, mit einem Besuche erfreut. Aber für seine verlorene [...][2] Anwesenheit ist das kein Ersatz, und meine Beschäftigungen mit dem mir früher so lieb gewordenen Zweige der Naturwissenschaften sind seit jener Zeit sehr beschränkt oder suspendiert.

1 Zu einer Naturforschertagung.
2 Es ist hier das als »herumirrende« gelesene, aber sicher anders lautende Wort weggelassen. Passen würde etwa: »ständige« oder »anregende« oder dgl.

144
An H. C. Schumacher
Göttingen, 25. 3. 1846
Peters 1860/65, 5, S. 144–145

So sehr man desselben [des Todes Bessels][1] gewärtig sein mußte und so zweifellos erkannt wird, daß, wie die Sache lag, ihm selbst ein baldiges Ende seiner Leiden gewünscht werden mußte, so fühle ich mich doch schmerzlichst erschüttert. Unsere Verbindung bestand seit 1804, und von ältern Freunden sind mir jetzt nur noch ein paar am Leben. Lassen Sie uns, lieber Schumacher, nun desto fester zusammenhalten.[2]

1 Bessel war am 17. 3. 1846 einem Krebsleiden erlegen.
2 Gauß und Schumacher standen seit 1808 in Verbindung.

145

An A. von Humboldt
Göttingen, 14. und 15.4.1846
Biermann 1977a, S. 92–96

Durch Ihr Schreiben vom 7. April[1] haben Sie, mein hochverehrter Freund, mich sehr erfreut. Ich erkenne mit innigem Wohlgefühl, daß Sie Ihre freundschaftliche Gesinnung mir in alter Frische bewahren. Diese und die Nachricht von Ihrem Wohlbefinden sind mir um so tröstlicher, je schmerzlicher wieder der Verlust unsers Bessel[2] mich daran erinnert hat, daß eine immer mehr zunehmende Vereinsamung das Los des Alters ist. Meine freundschaftliche Verbindung mit ihm ging bis zum Jahr 1804 hinauf, und ungefähr ebenso lange oder noch länger ist es, daß Sie mich mit Ihrer Freundschaft beglükken, wenn auch Ihr erster Brief aus 1807 herstammt[3] und die persönliche Bekanntschaft aus 1826.[4] Sie, mein verehrter Freund, der sich von jeher so vieler anstrebender junger Männer angenommen hat, haben es wohl vergessen, aber *ich* habe es nicht vergessen, welche wohlwollenden und ehrenden Absichten Sie schon vor mehr als vierzig Jahren in Beziehung auf mich hatten[5], und wenn auch dieselben damals durch die Ungunst der Zeiten vereitelt wurden, so bleibt meine Dankverpflichtung darum nicht geringer. [...]

Auf Ihre teilnehmende Erkundigung nach meinem eignen Ergehen darf ich doch auch nicht ganz schweigen. Von meiner Gesundheit kann ich zwar nicht viel rühmen, habe aber doch auch als 69jähriger kein Recht, viel zu klagen. Eigentliche Krankheit von einiger Dauer habe ich seit fast 40 Jahren nicht gehabt, wohl aber fortdauernd viele Beschwerden, namentl[ich] am Magen oder Unterleib, die jetzt viel seltener sind als ehemals, was ich aber nur meiner höchst einförmigen Lebensweise zuschreiben kann. (Seit 15½ Jahren habe ich keine Nacht außerhalb meines Hauses verbracht.[6]) Jede Abweichung von dieser einförmigen Lebensweise macht mich aber unwohl. Mit vorrückendem Alter ist der Mensch manchen Beschwerden unterworfen, denen auch ich nicht entgangen bin, wie Verlust der Zähne, sparsames Haupthaar und daher sehr häufige Erkältung oder Katarrhe. Aber fast fortwährend schon seit mehreren Jahren leide ich an fast völliger Schlaflosigkeit bei Nacht, und damit vielfach an Angegriffenheit während eines Teils des Tages. Auch bin ich nicht mehr wie sonst bei Licht zu allen die Augen anstrengenden Arbeiten fähig. Meine drei Söhne sind verheiratet; von den beiden jüngsten[7] (in Amerika) habe ich Enkel und Enkelinnen, der älteste[8] schon 8 Jahre alt. Mein ältester Sohn[9] lebt seit 7 Jahren in bisher kinderloser Ehe. Er ist, ohne bisher aus seinem militäri-

schen Dienstverhältnisse ausgeschieden zu sein, vi specialis com- *1846*
missionis,[10] dem Eisenbahndirektorium in Hannover mit Sitz und Stimme beigeordnet und wird ganz in diese Karriere übergehen, wenn die Ständeversammlung die Regierungspropositionen wegen Stiftung einiger fixer Stellen annehmen [wird]. Er hatte das Eisenbahnwesen in Amerika 1835 dort praktisch kennengelernt.[11] Meine einzige mir gebliebene Tochter[12] steht meinem Hauswesen vor. [...]

Ich bin in dies Feld (Mortalitätsverhältnisse und dergl.) auch in dem letzten Jahre verschlagen, da ich eine sehr zeitraubende, aber sehr wohltätige Arbeit über Professorenwitwenkassen habe ausführen müssen.[13] Meine Überzeugung hier wie in andern wissenschaftl[ichen] Feldern ist, daß unsere Kenntnisse überall nur dann großartige Fortschritte machen, wenn man sie als Selbstzwecke, nicht bloß als Mittel, ansieht, ohne nach augenblicklicher Nützlichkeit zu fragen. [...]

Die returns[14] aller Todesfälle unter 1 Jahr, von einem großen Lande und ein paar Dezennien, alle *nach einzelnen* Tagen angegeben, würden für mich etwa ebenso Interessantes (oder vielmehr viel Interessanteres) sein als die Beobachtungen zur Bestimmung einer neuen Planetenbahn. – Ebenso interessant aber wäre eine *fortgesetzte genaue* Buchführung aus einem *großen* Staat über die *ältesten* Einwohner, z.B. alle über 95 Jahre. Wäre ich ein Rothschild[15], so würde ich einen Fonds von einer Million stiften, dessen Zinsen jährlich unter die 400 ältesten Bewohner eines großen Staats verteilt würden mit der Bedingung, daß ihr Alter und fortdauerndes Leben auf das vollkommenste nachgewiesen sei. So würde man schon zuverlässige Resultate erhalten.

Ein anderer Punkt, worüber ich *genaue, ganz zuverlässig vollständige* und einen großen Zeitraum und Flächenraum umfassende Data wünschte, wäre die Anzahl der vom Blitze getöteten Menschen.

1 Biermann 1977a, S. 89–92.
2 Siehe Text Nr. 144, Anm. 1.
3 14.7.1807 (Biermann 1977a, S. 27).
4 Humboldt hatte sich Ende September 1826 für zwei Monate von Paris nach Berlin begeben, um seine endgültige Rückkehr dorthin (April 1827) vorzubereiten. Auf der Hinreise hatte er Gauß besucht.
5 Vgl. in der Einführung.
6 Das heißt seit dem 4. bis zum 7.9.1830, als Gauß in Bremen weilte, um die Auswanderung seines Sohnes Eugen in die USA zu regeln; siehe Text Nr. 93, Anm. 4.
7 Eugen und Wilhelm Gauß.
8 Charles Frederick Gauß (1838–1913), Sohn von Wilhelm Gauß.
9 Joseph Gauß.

10 Kraft besonderen Auftrages; hier: abkommandiert.
11 Siehe Text Nr. 114.
12 Therese Gauß.
13 Im Zuge der Reorganisation der Göttinger Professoren-Witwen- und Waisenkasse: Gauß 1863/1933, 4, S. 119–183.
14 Statistische Aufstellungen.
15 Angehöriger einer reichen Bankiersfamilie.

146
An H.C. Schumacher
Göttingen, 30.5.1846
Peters 1860/65, 5, S. 160–161

[Es] ist mir nicht ganz klar, warum Sie der Publikation der Besselschen Korrespondenz so sehr entgegen sind. Sie enthält ohne Zweifel vieles für die Wissenschaft Wichtiges, aber auch solche Korrespondenz, die nicht den Astronomen, sondern den Menschen darstellt, wird die Nachwelt wie ein sehr schätzbares Vermächtnis betrachten. Lamberts Briefwechsel[1], Keplers Briefwechsel[2], Eulers[3], das Commercium Epistolicum[4] und so manche anderen ähnlichen Sammlungen bilden doch köstliche Kleinode. Wenn bei der Publikation nur dasjenige unterdrückt wird, wodurch *lebende Personen* gekränkt werden können, so möchte doch wohl alles übrige, insofern es irgendein Interesse darbietet, zulässig sein.

1 Bernoulli 1781/85.
2 Hansch 1718.
3 Fuß 1843.
4 Eine Briefsammlung zur Geschichte der Entdeckung der höheren Analysis: Commercium epistolicum D. Johannis Collins et aliorum de analysi promota, London 1712 [eigentlich 1713]. John Collins (1625–1683) war ein englischer Bibliothekar und Mathematiker.

147
An E. Gauß
Göttingen, 9.8.1846
Cajori 1899, S. 701–702

[Ich bin] ziemlich unwohl [und muß] den größern Teil des Tages auf dem Sofa liegend zubringen. Großenteils mag dies die Folge der unerträglichen Hitze sein, bei der ich immer sehr leide und die in diesem Sommer größer ist, als ich je in meinem ganzen Leben erduldet zu haben mich erinnere. [...]

Daß ich nun auch von Deiner Seite in der Neuen Welt einen Enkel[1] habe, ist mir sehr erfreulich; in der Alten Welt wird mein Name wohl aussterben, da Josephs Ehe schon ins siebente Jahr kinderlos geblieben ist[2]. [...]

Carl Friedrich Gauß, 1803
Pastell von Johann Christian August Schwartz (1756–1814)

Alte Sternwarte Göttingen, um 1800
Stammbuchkupfer

Sternwarte auf dem Seeberg bei Gotha, um 1795
Aquarell von Wendel

Die neue Sternwarte Göttingen, 1816
Aquarell, wohl von F. Besemann

Blick auf die neue Sternwarte Göttingen, nach 1833
Kolorierte Federzeichnung

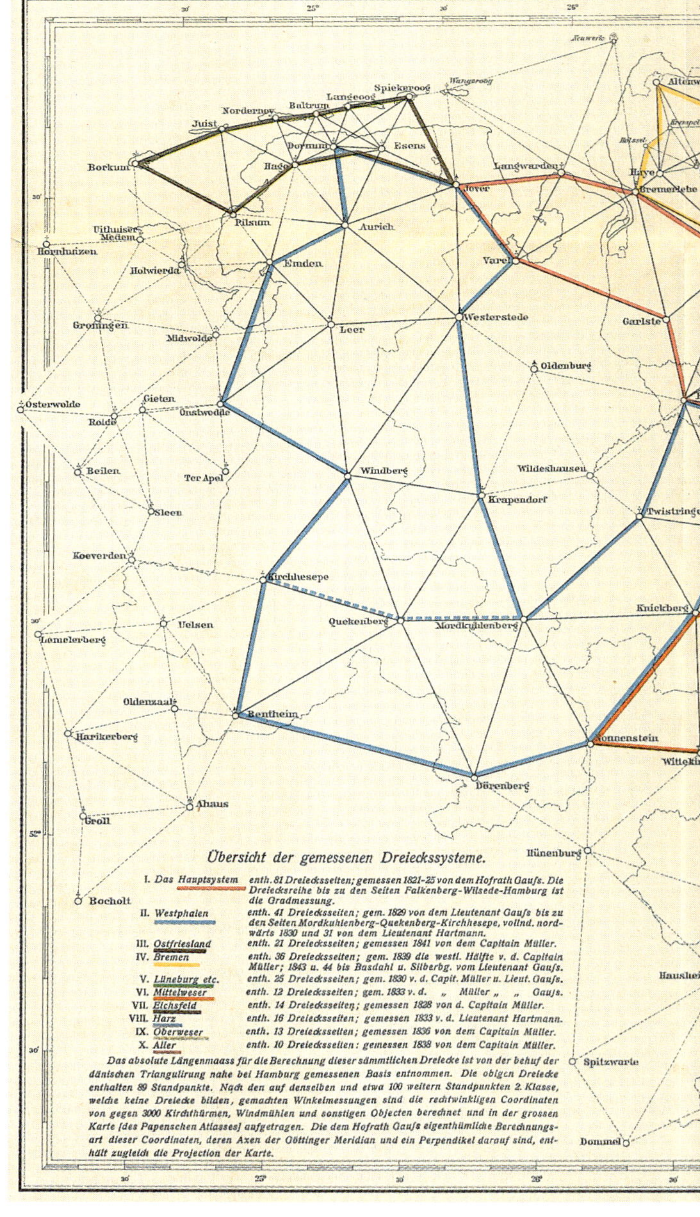

Übersicht der gemessenen Dreieckssysteme.
I. Das Hauptsystem enth. 81 Dreiecksseiten; gemessen 1821-25 von dem Hofrath Gaufs. Die Dreiecksreihe bis zu den Seiten Falkenberg-Wilsede-Hamburg ist die Gradmessung.
II. Westphalen enth. 41 Dreiecksseiten; gem. 1829 von dem Lieutenant Gaufs bis zu den Seiten Mordkuhlenberg-Quekenberg-Kirchhesepe, vollnd. nordwärts 1830 und 31 von dem Lieutenant Hartmann.
III. Ostfriesland enth. 21 Dreiecksseiten; gemessen 1841 von dem Capitain Müller.
IV. Bremen enth. 36 Dreiecksseiten; gem. 1839 die westl. Hälfte v. d. Capitain Müller; 1843 u. 44 bis Basdahl u. Silberbg. vom Lieutenant Gaufs.
V. Lüneburg etc. enth. 25 Dreiecksseiten; gem. 1830 v. d. Capit. Müller u. Lieut. Gaufs.
VI. Mittelweser enth. 12 Dreiecksseiten; gem. 1833 v. d. „ Müller „ „ Gaufs.
VII. Eichsfeld enth. 14 Dreiecksseiten; gemessen 1828 von d. Capitain Müller.
VIII. Harz enth. 16 Dreiecksseiten; gemessen 1833 v. d. Lieutenant Hartmann.
IX. Oberweser enth. 13 Dreiecksseiten; gemessen 1836 von dem Capitain Müller.
X. Aller enth. 10 Dreiecksseiten: gemessen 1838 von dem Capitain Müller.
Das absolute Längenmaass für die Berechnung dieser sämmtlichen Dreiecke ist von der behuf der dänischen Triangulirung nahe bei Hamburg gemessenen Basis entnommen. Die obigen Dreiecke enthalten 89 Standpunkte. Nach den auf denselben und etwa 100 weitern Standpunkten 2. Klasse, welche keine Dreiecke bilden, gemachten Winkelmessungen sind die rechtwinkligen Coordinaten von gegen 3000 Kirchthürmen, Windmühlen und sonstigen Objecten berechnet und in der grossen Karte [des Papenschen Atlasses] aufgetragen. Die dem Hofrath Gaufs eigenthümliche Berechnungsart dieser Coordinaten, deren Axen der Göttinger Meridian und ein Perpendikel darauf sind, enthält zugleich die Projection der Karte.
Spiekeroog
Langeoog
Baltrum
Norderney
Juist
Borkum
Dornum
Esens
Hage
Jever
Langwarden
Pilsum
Aurich
Emden
Uithuiser Medem
Hornhuizen
Holwierda
Groningen
Midwolde
Leer
Westerstede
Varel
Oldenburg
Garlste
Osterwolde
Gieten
Roide
Onstwedde
Beilen
Ter Apel
Windberg
Wildeshausen
Krapendorf
Sleen
Twistringen
Koeverden
Kirchhesepe
Quekenberg
Mordkuhlenberg
Knickberg
Uelsen
Lemelerberg
Oldenzaal
Bentheim
Nonnenstein
Harikerberg
Dörenberg
Ahaus
Groll
Hünenburg
Bocholt
Spitzwarte
Dommel

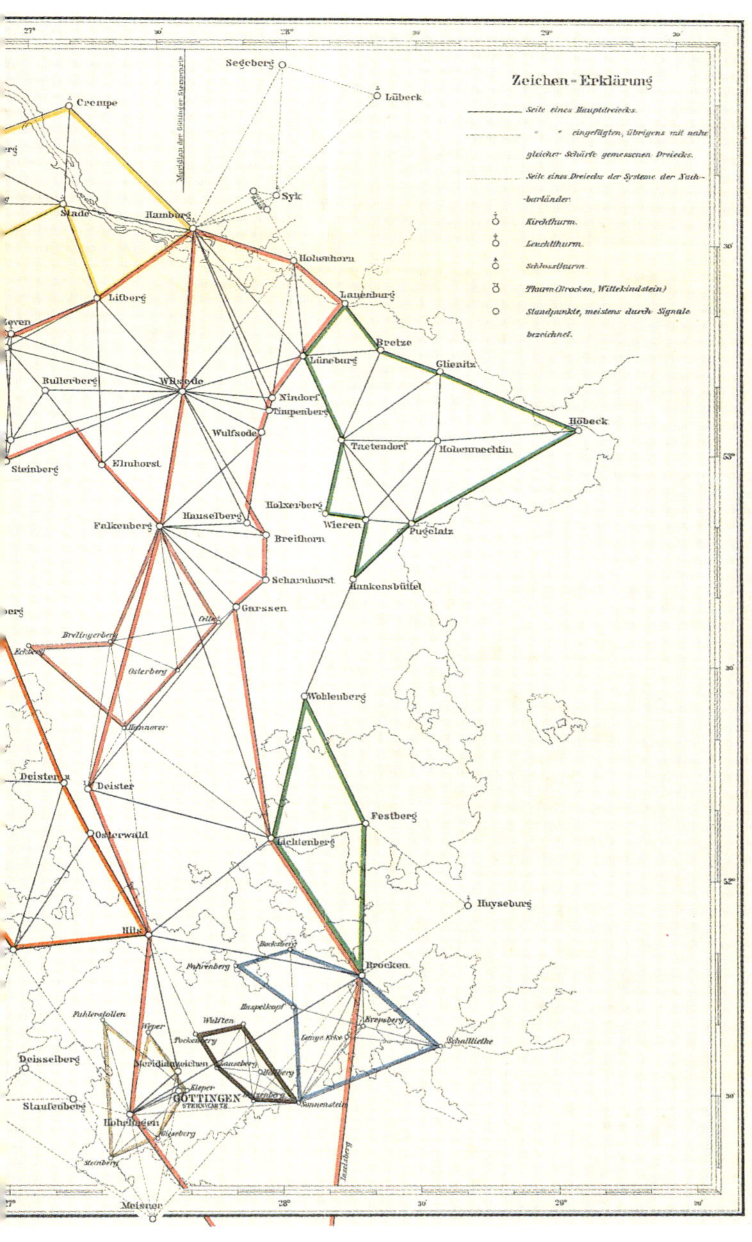

Übersicht der gemessenen Dreieckssysteme, 1848
(Nach Gauß 1863/1933, 9, nach S. 434)

Carl Wilhelm Ferdinand, Herzog von Braunschweig (1735–1806)
Pastell von Johann Christian August Schwartz (1756–1814)

Bernhard August von Lindenau (1780–1854), 1811
Gemälde von Louise Seidler (1786–1866)

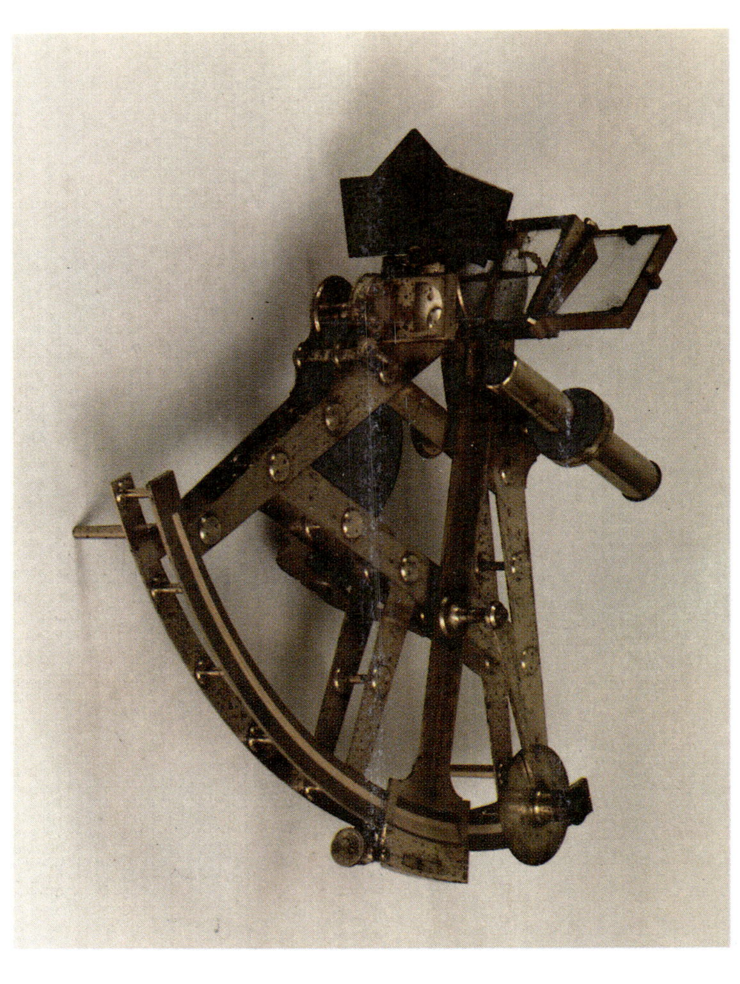

Viceheliotrop von Carl Friedrich Gauß,
entstanden 1821 durch Umrüstung eines 1808 erworbenen
Sextanten »Troughton London 420«

Daß Deine Geschäfte gut prosperieren[3], freut mich sehr [...] Übrigens haben wir vor kurzem ein tangibles[4] Zeichen Deiner Geschäftstätigkeit erhalten, da Herr Westhof[5] uns ein Fäßchen Mehl aus der Mühle Gauß & Weidner[6] zugeschickt hat, welches Therese[7] sehr lobt als besser, wie alles hiesige. *1846*

Zufällig hatten wir gleichzeitig einen Topf Butter aus dem Alten Lande[8] von Josephs Frau[9] erhalten, und es fehlten also zu einer Omelette abseiten meiner Kinder aus fremden Landen nur noch die Eier aus Wilhelms Hühnerstalle.

Über das Daguerrebild[10], welches Deine liebe Frau Theresen geschickt hat, haben wir uns sehr gefreut; die Arbeit ist feiner, als ich sie an einem in Europa gemachten Daguerrebild sonst gesehen habe. [...]

[Ich sende] zwei Lithographien von meinem Porträt mit; sie sind im vorigen Winter von einem Ölgemälde abgenommen, welches vor 6 Jahren hier gemacht ist. (Das Original dieses Ölgemäldes von einem Kopenhagner Künstler[11] kam nach Petersburg[12] und eine Kopie für Herrn Sartorius blieb hier[13], wonach jene Lithographie gemacht ist. Man fand das Gemälde damals sehr ähnlich; jetzt werde ich ihm wohl unähnlich geworden sein. [...] Mit herzlichen Wünschen für Dein Wohlergehen

Dein treuer Vater
C. F. Gauß

1 Charles Henry Gauß (1845–1913).
2 Nach neunjähriger Ehe wurde Carl Gauß geboren, der den Beruf eines Landwirts ergriff; siehe auch in der Einführung.
3 Gedeihen.
4 Beeindruckendes.
5 Geschäftsfreund von Eugen Gauß.
6 Geschäftspartner von Eugen Gauß.
7 Gauß' Tochter.
8 Die fruchtbare Gegend an der Elbe zwischen Buxtehude und Stade, wo Joseph Gauß wohnte.
9 Sophie Friederike Gauß, geb. Erythropel.
10 Die »Daguerrotypie« (benannt nach dem Erfinder Louis-Jacques-Mandé Daguerre, 1789–1851) war eine Vorläuferin der Photographie.
11 Der namhafte dänische Porträtist Christian Albrecht Jensen (1792 bis 1870) malte Gauß Ende Juli bis Anfang August 1840 in Göttingen.
12 Genauer gesagt: auf die Sternwarte Pulkovo.
13 Jensen hat auch für Weber und für Listing je eine Kopie angefertigt.

148

An P. H. L. Prus von Boguslawski
Göttingen, 6. 1. 1848
Schoenberg 1955, S. 21

Mit vielem Danke sende ich hieneben die gütigst geliehene Sammlung Russischer Gedichte zurück.

Ich muß um Verzeihung bitten, daß dies so spät geschieht; ich hoffte immer noch, etwas mehr Zeit zu gewinnen, darin zu lesen. Da ich aber für geraume, zunächst bevorstehende Zeit wenig Möglichkeit dazu vor mir sehe, so durfte ich die Rücksendung nicht länger verschieben. Obwohl ich nur wenig darin habe lesen können, so ist meine Dankbarkeit für Ihre und Hrn. Prof. Purkinjes[1] zuvorkommende Gefälligkeit darum doch nicht geringer. Übrigens dient zu mehrerer Beruhigung auch der Umstand, daß ich einen großen Teil des Inhalts der Sammlung bereits anderweitig selbst besitze, z. B. die vollständige Ausgabe von Krylows[2] Fabeln.

1 Johann Evangelista Purkyně (1787–1869), tschechischer Physiologe und Pathologe, ab 1823 27 Jahre Professor im damaligen Breslau.
2 Ivan Andreevič Krylov (1769–1844), russischer Dichter, berühmt durch seine kritisch-realistischen Fabeln.

149

An F. Bolyai
Göttingen, 20. 4. 1848
Schmidt 1899, S. 132–133

Mein teurer alter Freund!

Mit wehmütiger Rührung habe ich Deinen Brief vom 18. Januar[1] erhalten. Er war mir wie eine Geisterstimme aus längst verklungener Zeit, wenigstens ein Aufruf, mich noch einmal in jene Zeit zurückzuversetzen, zwischen der und dem jetzigen Augenblick so viele für uns beide so schwere Jahre liegen. Es ist wahr, mein Leben ist mit vielem geschmückt gewesen, was die Welt für beneidenswert hält. Aber glaube mir, lieber Bolyai, die *herben* Seiten des Lebens, wenigstens des meinigen, die sich wie der rote Faden dadurch ziehen, und denen man im höhern Alter immer wehrloser gegenüber steht, werden nicht zum hundertsten Teile aufgewogen von dem Erfreulichen. Ich will gern zugeben, daß dieselben Schicksale, die zu tragen mir so schwer geworden ist, und noch ist, manchem andern viel leichter gewesen wären, aber die Gemütsverfassung gehört zu unserm Ich; der Schöpfer unserer Existenz hat sie uns mitgegeben, und wir vermögen wenig daran zu ändern. Ich finde dagegen in diesem Bewußtsein der Nichtigkeit des Lebens, was doch jedenfalls der größere Teil der Menschheit beim Annähern des Ziels aussprechen muß, mir die stärkste Bürgschaft für das Nachfolgen einer schönern Metamorphose darbietet. Mit dieser, mein teurer Freund, wollen wir uns trösten und dadurch den nötigen Gleichmut zu gewinnen suchen, um damit bis ans Ende auszuharren. [...] Das gewaltige politische und soziale Erdbeben, welches in immer weiterer Verbreitung fast alle europäischen Zustände umstürzt, hat bisher Dein Vaterland im engern Sinne (ich meine Siebenbürgen) noch nicht berührt.[2] Ich hege zwar das Vertrauen, daß *am Ende* erfreuliche Früchte daraus hervorgehen werden; aber die Übergangsperiode wird erst vielfache Bedrängnisse bringen[3] und (quod deus avortat)[4] kann lange dauern. In unserm Alter ist immer sehr zweifelhaft, ob wir das einst bevorstehende goldne Zeitalter erleben. Durch die jetzige Entwertung der Österreichischen Staatspapiere, worin der größte Teil meiner 40jährigen Ersparnisse angelegt ist, bin ich damit bedroht, meinen Kindern bei meinem Abscheiden wenig oder nichts nachlassen zu können.[5] [...] Nun lebe wohl, alter Freund, und laß bald einmal wieder von Dir hören

Deinen treuen
C. F. Gauß

1 Schmidt 1899, S. 128–131. Der Briefwechsel zwischen Gauß und seinem Jugendfreund war über 11 Jahre unterbrochen gewesen.
2 Bald erfaßte die Revolution jedoch auch Transsilvanien.
3 Und zwar auch für Bolyai persönlich (Schmidt 1899, S. 137).
4 Was Gott abwenden möge.
5 Diese Befürchtung erfüllte sich nicht; siehe in der Einführung.

150
An Dorothea Köppe
Göttingen, 22.4.1848
Mack 1927, S. 60–61

Meine werte alte Freundin![1]

Das freundliche Geschenk[2], welches Sie [...] mir geschickt haben, habe ich mit einer Art Rührung empfangen. Ein erneuerter sinnlicher Genuß aus den Jugendjahren, der uns seit langer Zeit fremd geworden war, versetzt an sich schon in jene zurück, noch mehr aber der Umstand, daß Sie ihn mit einer freundlichen Zeile begleitet haben. Ich fühlte mich in die fernen Jahre zurückversetzt, wo ich so manche vergnügte Stunde in Ihrem Hause verlebte, wo ich meine erste Lebensgefährtin kennenlernte, deren früher Verlust zu den Wunden gehört, die niemals ganz vernarben.

Meine Vaterstadt habe ich seit 1821[3] nicht wiedergesehen, und auch das Mal war ich nur *einen* Tag dort.

1 Einst engste Freundin der ersten Frau von Gauß, Johanna, geb. Osthoff; siehe in der Einführung.
2 Braunschweiger Brezeln.
3 Ende Juli oder Anfang August 1821. Gauß hat auch in den ihm noch verbleibenden Lebensjahren Braunschweig nicht wieder besucht.

151
An I. M. Simonov
Göttingen, 2.9. 1848
Biermann 1964a, S. 45

[Gauß bedankt sich für die Zusendung von Simonov 1844[1], die beinahe verloren gegangen wäre.] Brief und Paket waren gleichlautend mit einer russischen Adresse signiert, und darunter von fremder Hand, vielleicht durch einen Offizianten[2] an einem Grenzpostamte, gleichsam als Verdolmetschung beigeschrieben ›Mr. Hosus in Göttingen‹. Dies konnte umso leichter geschehen, da G und H im Russischen nur *ein* Zeichen haben, und der zweite Buchstabe meines Namens, *a*, wenn er (wie auf der Adresse) in zwei etwas getrennten Zügen geschrieben wird, cc leicht für oc (d.i. deutsch o s) genommen werden kann. So ist der Briefträger[3] mehrere Tage lang in allen Gasthöfen und bei der Polizei herumgelaufen, um einen Mr. Hosus ausfindig zu machen, und er war schon daran, den Brief als unbestellbar retour gehen zu lassen, als jemand, der zufällig davon hörte, den Rat gab, man solle doch mich als den einzigen, der in Göttingen etwas Russisch versteht, ersuchen, die ganze Adresse zu entziffern, die vielleicht Licht geben könne.

1 Siehe Text Nr. 135.
2 Beamten.
3 Lenhardt.

152
An W. A. Eschenburg
Göttingen, 20.8. 1849
Mack 1927, S. 63

Von Reisen bin ich so entwöhnt, daß ich seit 19 Jahren niemals über Nacht von hier abwesend gewesen bin.[1] Sollte ich aber erleben, daß Göttingen von einer Eisenbahn berührt wird, so denke ich das Reisen wieder anzufangen[2] und dann auch wohl noch einmal Dich in Detmold zu besuchen.

1 Vgl. Text Nr. 145, Anm. 6.
2 Dazu ist es nicht mehr gekommen, aber am 16.6. 1854 besuchte Gauß

in einer Kutsche die im Bau befindliche Eisenbahn zwischen Göttingen und Kassel. Die Pferde scheuten vor einer Lokomotive, der Wagen wurde umgeworfen, aber Gauß blieb unverletzt.

153
Zu R. Dedekind[1]
Göttingen, Anfang Oktober 1850 und im Winter 1850/51
Dedekind 1901, S. 47–48

Dedekind erinnert sich:

[Dedekinds Anmeldung zur Vorlesung über die Methode der kleinsten Quadrate[2] schien Gauß] wenig zu erfreuen, ich hatte wohl auch gehört, daß er sich ungern entschloß, Vorlesungen zu halten; nachdem er meinen Namen in das Buch eingetragen hatte, sagte er nach kurzem Schweigen: »Sie wissen vielleicht, daß es immer sehr zweifelhaft ist, ob meine Vorlesungen zustande kommen; wo wohnen Sie? Bei dem Barbier[3] Vogel? Nun, das trifft sich ja glücklich, denn der ist auch mein Barbier, durch ihn werde ich Sie benachrichtigen.«

Einige Tage darauf trat dann Vogel, eine stadtbekannte Persönlichkeit, ganz erfüllt von der Wichtigkeit seiner Mission, bei mir ein, um zu bestellen, daß sich noch mehr Zuhörer gemeldet hätten und daß Herr Geh. Hofrat[4] Gauß die Vorlesung halten werde.

Wir waren neun Studenten [...] Das Auditorium war durch ein Vorzimmer von Gauß' Arbeitszimmer getrennt und ziemlich klein. Wir saßen an einem Tisch, dessen Längsseiten für je drei Personen, aber nicht für vier Personen Platz boten. Der Tür gegenüber, am oberen Ende, saß Gauß in mäßiger Entfernung vom Tische, und wenn wir vollzählig waren, so mußten zwei von uns, die zuletzt kamen, ganz in seine Nähe rücken und ihr Heft auf den Schoß nehmen. Gauß trug ein leichtes schwarzes Käppchen, einen ziemlich langen braunen Gehrock, graue Beinkleider; er saß meist in bequemer Haltung, etwas gebeugt vor sich niedersehend, mit über den Leib gefalteten Händen. Er sprach ganz frei, sehr deutlich, einfach und schlicht; wenn er aber einen neuen Gesichtspunkt hervorheben wollte, wobei er ein besonders charakteristisches Wort gebrauchte, so erhob er wohl plötzlich den Kopf, wandte sich zu seinem Nachbarn und blickte ihn während der nachdrücklichen Rede ernst mit seinen schönen, durchdringenden blauen Augen an. Das war unvergeßlich. Seine Sprache war fast ganz dialektfrei, nur zuweilen kamen Anklänge an unsere stadtbraunschweigische Mundart; beim Zählen z. B., wobei er auch den Gebrauch der Finger nicht verschmähte, sagte er nicht eins, zwei, drei, sondern eine, zweie, dreie, u. s. f., wie man es noch jetzt bei uns auf dem Markte hören kann.

1850 Ging er von einer prinzipiellen Erörterung zur Entwicklung mathematischer Formeln über, so erhob er sich, und in stattlicher, ganz aufrechter Haltung schrieb er an einer neben ihm stehenden Tafel mit der ihm eigenen Handschrift, wobei es ihm immer durch Sparsamkeit und zweckmäßige Anordnung gelang, mit dem ziemlich kleinen Raume auszukommen. Für die Zahlenbeispiele, auf deren sorgfältige Durchführung er besonderen Wert legte, brachte er die erforderlichen Data auf kleinen Zetteln mit. [...] Ich kann nur sagen, daß wir diesem ausgezeichneten Vortrage, in welchem auch einige Beispiele aus der Theorie der bestimmten Integrale behandelt wurden, mit immer steigendem Interesse gefolgt sind. Aber es schien uns auch, als ob Gauß selbst, der vorher wenig Neigung gezeigt hatte, die Vorlesung zu halten, im Laufe derselben doch einige Freude an seiner Lehrtätigkeit empfand. So kam es am 13. März 1851 zum Schluß: Gauß erhob sich, wir alle mit ihm, und er entließ uns mit den freundlichen Abschiedsworten: »Es bleibt mir nur noch übrig, Ihnen zu danken für die große Regelmäßigkeit und Aufmerksamkeit, mit der Sie meinem doch wohl recht trocken zu nennenden Vortrage gefolgt sind.«[5]

1 Richard Dedekind (1831–1916), Zahlentheoretiker, Schüler von Gauß, wirkte ab 1862 als Professor an der heutigen Technischen Universität Braunschweig.
2 Siehe Text Nr. 16.
3 Rasierte, frisierte und übte die »niedere Chirurgie« aus.
4 Gauß war am 29. 11. 1816 der Titel eines Hofrates, am 1. 7. 1845 der eines Geheimen Hofrates verliehen worden.
5 Wenngleich Gauß keine eigentliche *mathematische* Schule gebildet, sondern in der Hauptsache durch seine Schriften gewirkt hat, so sei an dieser Stelle Gelegenheit genommen, nachdem bereits Mitglieder seiner *astronomischen* Schule genannt wurden (Schumacher, Encke, Gerling, Nicolai, Möbius), einige spätere Professoren der Mathematik aufzuführen, die außer Dedekind bei ihm gehört haben: Enno Heeren Dirksen (1788–1850), Karl Georg Christian von Staudt (1798 bis 1867), Heinrich Ferdinand Scherk (1798–1885), Heinrich Eduard Heine (1821–1881). Auch der Mathematikhistoriker Moritz Cantor (1829–1920) ist zu erwähnen und auf die Rolle hinzuweisen, die Gauß bei der Habilitierung des großen Mathematikers Bernhard Riemann (1826–1866) gespielt hat, sowie auf die Tatsache, daß der Physiker Karl August Steinheil (1801–1870) zu den Hörern von Gauß gehört hat.

154

Zu W. Sartorius von Waltershausen
Göttingen, um 1850 und früher
Sartorius 1856, S. 83

Sartorius berichtet:

Wollten sich andere Leute, sagte [Gauß], nur die Mühe nehmen, so tief und anhaltend über mathematische Wahrheiten als er nachzudenken, so würden sie auch seine Entdeckungen haben machen können. [...]

In Gesprächen mit andern wurde er, namentlich in frühern Jahren, plötzlich ganz still, und, indem er starr vor sich hinblickte, schien er auf fremde Gedanken intensiv einzugehen oder, was wohl mehr noch der Fall war, ein Sturm eigener Gedanken überflutete unerwartet seine Seele. Die Unterhaltung wurde dann häufig ganz unterbrochen und erst nach reiferer Überlegung nach einigen Tagen auf's neue fortgesetzt. Gauß hatte sein umfangreiches Wissen in bewundernswürdiger Weise gegenwärtig, namentlich erregte sein unübertreffliches Zahlengedächtnis öfter unser Erstaunen; wurde ihm jedoch eine Frage vorgelegt, die er nicht sogleich beantworten wollte oder konnte, so war man gewiß, nach einiger Zeit eine mündliche oder schriftliche Erörterung des Gegenstandes zu erhalten, die nichts zu wünschen übrig ließ und die er, zumal in seinen rüstigern Lebensjahren, Schülern und jüngeren Freunden mit der größten Bereitwilligkeit erteilt hat.

155

Zu W. Sartorius von Waltershausen
Göttingen, um 1850
Sartorius 1856, S. 20

Sartorius zitiert eine mündliche Äußerung von Gauß:

Die Disquisitiones Arithmeticae[1] gehören der Geschichte an und ich würde in einer neuen Ausgabe, die ich zu besorgen nicht abgeneigt bin, wozu ich aber jetzt keine Muße besitze, mit Ausnahme der Druckfehler nichts ändern; nur möchte ich den achten Abschnitt[2] hinzufügen, der zwar im wesentlichen ausgearbeitet, aber damals nicht erschienen ist, um die Druckkosten des Buchs nicht zu vergrößern.

1 Siehe die Einführung und Text Nr. 22, Anm. 6.
2 Siehe Gauß 1889, S. 589–629.

156

An W. Gauß
Göttingen, 7.8.1852
Cajori 1912, S. 113–114

Lieber Wilhelm!

Ich kann nicht unterlassen, Theresens[1] Briefe auch einige Zeilen beizufügen.

Dein Schreiben vom 16. Januar (empfangen 26. Februar) hat mir in mehrern Beziehungen viele Freude gemacht, ganz vorzüglich aber deswegen, weil daraus hervorgeht, daß Du in allen Deinen Verhältnissen mit Deiner Lage zufrieden bist. Wie wenige Menschen in Deutschland – oder soll ich sagen in Europa – können von sich dasselbe sagen! Inzwischen kann ich nicht leugnen, daß ich mir doch von Eurer Lebensweise kein recht anschauliches Bild machen kann. Manches dabei wird freilich wohl (unendlich viel mehr als in der alten Welt) in beständig fortschreitendem Wechsel begriffen und jetzt ganz anders sein als vor 14 Jahren. Reisebeschreibungen durch Nordamerika gehen selten so weit nach Westen, und so schwebten für mich die dortigen Zustände wie in einem Nebel. So möchte ich z. B. gerne wissen, ob die kultivierten Grundbesitze dort noch sehr zerstreut oder schon enge aneinander liegen, ob unter den Besitzern viele Deutsche, oder ob es größtenteils nur geborene Amerikaner sind, welche letztere in ihrer treibenden Unruhe, wie ich glaube, gewöhnlich nicht gerne lange an einem Platze bleiben, ob unter Deinen Nachbarn manche sind, mit denen Du freundschaftlichen Verkehr unterhältst, ob von den vielen Auswürflingen der letztjährigen deutschen u. a. Revolutionen oder Aufstände sich auch welche bis in Eure Gegend verschlagen haben. [...] Ich selbst fühle mit jedem Jahre mehr allerlei Altersbeschwerden; doch habe ich in Betracht meiner Lebensjahre eigentlich kein Recht zu besonderer Klage. Zu den traurigsten Folgen eines hohen Alters gehört, daß immer mehrere unsrer frühern Freunde einer nach dem andern abscheiden. [...] Die Aussicht, die Du mir machst, daß ich einmal Lichtbilder von Deinen Kindern oder einigen von ihnen (das jüngste[2] wird wohl vorerst nicht so lange ruhig sitzen können) erhalten soll, erfreuet mich sehr. Einstweilen aber bitte ich Dich, wenigstens die Geburtsjahre und -tage aller Deiner Kinder mir zu schreiben. Ich weiß es bloß von dem letzten (1. Julius 1851) aus dem Briefe Deiner lieben Frau[3] an Therese. Aus dem letztern sehe ich auch mit Bedauern, daß ein von meinem lieben ältesten Enkel[4] an mich gerichteter Brief verloren gegangen sein muß, da ich einen solchen nicht erhalten habe. Wenn er in Deinen nächsten Brief einige Zeilen einlegen will, so soll es mich sehr freuen, und braucht er sich mit der Sprache gar nicht zu genieren, ich empfange sie ebenso gerne, wenn er englisch schreiben will.

An der Eisenbahn von Hannover nach Kassel wird recht tätig gearbeitet, auch in der unmittelbaren Nähe von Göttingen.[5] [...] Erlebe ich die Vollendung [...], so mache ich wohl auch noch einmal eine Reise nach Hannover[6]; meinen dortigen (3 ¼-jährigen) Enkel[7] habe ich auch noch nicht gesehen. Seit Sept. 1830 habe ich keine einzige Nacht außerhalb meiner vier Pfähle zugebracht.[8]

Nun lebe wohl, mein lieber Sohn, mit Deiner ganzen Familie.

Stets dein treuer Vater
C. F. Gauß

1 Therese Gauß.
2 William Theodore Gauß (1851–1928).
3 Luise Gauß, geb. Fallenstein.
4 Charles Frederick Gauß.
5 Siehe Text Nr. 152, Anm. 2.
6 Die Linie Göttingen–Hannover wurde am 31.7.1854 eröffnet, aber Gauß hat sie nicht mehr benutzt.
7 Carl Gauß.
8 Vgl. Text Nr. 145, Anm. 6, und Text Nr. 152.

157

An A. von Humboldt
Göttingen, 10.5.1853
Biermann 1977a, S. 111–112

In meinen jüngeren Jahren litt ich viel an Magen- und Unterleibsbeschwerden, wovon ich jetzt fast ganz frei bin, was freilich durch meine höchst einfache und gleichförmige Lebensweise bedingt ist. Dagegen sind seit etwa 6 oder 7 Jahren andere Beschwerden an jene Stelle getreten, von denen ich früher nichts wußte: Verschleimung in Brust und Schlund, Ausgehen des Atems bei Bewegung zu Fuß, die mein gewöhnliches (kleines) Maß überschreiten, Herzklopfen und Schlaflosigkeit, alles zusammen dahin wirkend, daß die zur Verarbeitung wissenschaftlicher Untersuchungen geeigneten Stunden immer seltener werden.

In der letzten Zeit habe ich mich mit der Ausführung eines Apparats beschäftigt, um die Foucaultschen Versuche[1] in anderer Gestalt auszuführen.[2] [...] Mein Apparat ist in jedem Lokal anwendbar und zeigt schon jetzt die Einwirkung der Erdrotation nach kurzer Zeit auf das schlagendste, ich hoffe aber (da er jetzt noch unvollständig ist), die noch fehlenden Stücke, vielleicht sukzessive, dahin zu bringen, daß alles in höchster Eleganz und Präzision erscheint.

Die jetzigen Tagestorheiten[3] habe ich ziemlich mit Gleichmut betrachten, ja über einige Genrebilder, wie die Versuche der Heidelberger Juristenfakultät mit dem Tischdrücken,[4] herzlich lachen können. Ich bin seit langer Zeit gewöhnt, von der Gediegenheit der höhern Kultur, welche die s[o] g[enannten] höhern Stände durch Lesen populärer Schriften oder Anwohnen populärer Vorlesungen erwerben zu können glauben, wenig zu halten. Ich bin vielmehr der Meinung, daß in wissenschaftlichen Gebieten probehaltige Einsicht nur durch Aufwendung eines gewissen Maßes eigner Anstrengung und eigner Verarbeitung des von anderen Dargebotenen erlangt werden kann.[5]

1 Durch den französischen Physiker Léon Foucault (1819–1868) 1851 in Paris angestellte Versuche zum Beweis der Erdrotation.

2 Die Gaußschen Versuche waren durch Gerling angeregt worden (Schaefer 1927, S. 777–803).

3 Es ist die Rede von dem in der Einführung erwähnten Tischrücken.

4 Durch das Wort »Tischdrücken« wollte Gauß zum Ausdruck bringen, daß die kreisende Bewegung der benutzten runden Tische nicht etwa »von selbst«, sondern durch einen tangential wirkenden Druck der auf der Tischplatte flach aufliegenden Hände der Teilnehmer verursacht wurde. Gauß amüsierte sich über einen Bericht, wonach die Professoren der Heidelberger juristischen Fakultät »wie wahnsinnig« einem Tisch hinterhergerannt waren, der auf die genannte Weise in rotierende Bewegung versetzt worden war (Schaefer 1927, S. 802 bis 803).

5 A. von Humboldt war von diesen Vorbehalten gegenüber populärwissenschaftlichen Vorträgen und Schriften stark beeindruckt (vgl. Biermann 1977a, S. 112, Anm. 12).

158

An A. von Humboldt
Göttingen, 21. 5. 1854
Biermann 1977a, S. 117–118

Mein eigner Gesundheitszustand [hat mich am Schreiben gehindert], der sich besonders seit Anfang dieses Jahres allmählich immer mehr verschlechtert hat, so daß mir das Sitzen am Schreibtisch, selbst nur während einer kurzen Zeit, ungemein sauer wird. Mein primitives Übel[1], Verschleimung in den Luftwegen und Schwierigkeiten des Auswerfens, datiert freilich schon seit längerer Zeit, vielleicht 6–10 Jahre, aber an Intensität hat es allmählich immer mehr zugenommen, und es haben sich nach und nach immer mehr andere Übel daran geknüpft: Schlaflosigkeit, ungestümes Herzklopfen bei der geringsten körperlichen Anstrengung, z. B. Gehen nur auf ein paar hundert Schritt, Steigen einer Treppe, etwas anhaltendes Sprechen, Sitzen am Schreibtisch etc. In der letzten

Zeit sind auch geschwollene Beine dazu gekommen. – Doch ich will Sie mit Aufzählung meiner Klagen nicht weiter ermüden.

1 Im Sinne von »ursprüngliches Leiden«.

159
An A. von Humboldt
Göttingen, 3. 12. 1854
Biermann 1977a, S. 119

Alle meine Beschwerden nehmen an Zahl, Intensität und Hartnäkkigkeit beständig zu.[1]

1 Humboldt antwortete darauf am 4. 12. 1854: »Linderung ist auch Heilung. Wer so Vieles und Großes geistig geschaffen, wer der elektrischen Sprache, die jetzt über Meer und Land [als Telegraphie] geht, zuerst Sicherheit, Maß und Flügel verliehen hat, der sollte in dem erneuerten Andenken des Geleisteten auch einen Keim zur Linderung finden« (Biermann 1977a, S. 120).

160
Zu R. Wagner
Göttingen, 23. 12. 1854
Rubner 1975, S. 161–163

Wagner zitiert Gauß:

»Überhaupt, lieber Kollege, ich glaube, Sie sind viel bibelgläubiger als ich. Ich bin es nicht recht[1] und«, setzte er mit großer Bewegung hinzu, »Sie sind viel glücklicher dran als ich. Ich muß sagen, wenn ich so öfters in früheren Zeiten Leute in niederen Ständen, simple Handwerker, gesehen, die so recht von Herzen glauben konnten: Ich habe sie immer beneidet. Sagen Sie mir doch, wie fängt man dies an?« [...]

Dann sagte er, es habe ihn immer mächtig angesprochen, als Jean Paul einem, der zweifelt, der fragt nach der Lösung der Dinge in der andern Welt, gesagt habe: ›Blicke über die Kirchhofmauer auf die Gräber, da liegt die Antwort!‹ Seine Stimme wurde weich, zitternd, er brach in Tränen aus.

1 Als Gauß' Sohn Eugen vorübergehend erwog, nach Beendigung seiner Militärzeit Indianer zu missionieren, stellte der Vater mit Verwunderung fest, Eugens Briefe hätten »ein ganz pietistisches Gepräge« erhalten (an Gerling, 19. 3. 1836; Schaefer 1927, S. 462), und er sah »viel Falsches und Heuchlerisches«, das sich »*oft* in solche pietistischen Richtungen einmischen mag«. Er erkannte aber einem Beruf, der »Humanität« verbreite, das Prädikat »höchst ehrwürdig« zu (an Olbers, 11. 11. 1835; Schilling 1900/09, 2, S. 628).

QUELLEN- UND LITERATURVERZEICHNIS

Vorbemerkung

E bedeutet: in der Einführung (und/oder in deren Anmerkungen) zitiert. Die Zahlen verweisen auf die Nummern der Texte (Anmerkungen eingeschlossen). Unterstreichung einer Zahl besagt, daß der betreffende Text nach dieser Vorlage wiedergegeben worden ist.

Ahrens 1926/27
Wilhelm Ahrens, Kleine Geschichten von Astronomen, Mathematikern und Physikern (II). In: Das Weltall, 26 (1926/27), S. 137–140
<u>10</u>

Ardenne 1972
Manfred von Ardenne, Ein glückliches Leben für Technik und Forschung, Berlin 1972
E

Aschoff 1987
Volker Aschoff, Telegraphie vor 150 Jahren. In: Kultur und Technik, 11 (1987) 4, S. 260–264
108

Auwers 1880
Briefwechsel zwischen Gauß und Bessel, [hrsg. v. Arthur Auwers,] Leipzig 1880
<u>47</u>, <u>50</u>, <u>55</u>, <u>63</u>, <u>69</u>, <u>71</u>, <u>82</u>, <u>84</u>, <u>123</u>

Bernoulli 1781/85
Johann Heinrich Lamberts deutscher gelehrter Briefwechsel, hrsg. v. Johann [(III)] Bernoulli, Bd. 1–5, Berlin 1781/85
146

Biermann 1958/59
Kurt-R. Biermann, Zum Verhältnis zwischen Alexander von Humboldt und Carl Friedrich Gauß. In: Wiss. Zeitschr. Humboldt-Univ. Berlin, Math.-naturwiss. R., 8 (1958/59) 1, S. 121 bis 130
53

Biermann 1959
Kurt-R. Biermann, Über die Förderung deutscher Mathematiker durch Alexander von Humboldt. In: Gedenkschr. zum 100. Todestag, Berlin 1959, S. 83–159
139

Biermann 1963
Kurt-R. Biermann, Aus der Vorgeschichte der Aufforderung Alexander von Humboldts von 1836 [...] (Dokumente zu den Beziehungen zwischen A. v. Humboldt und C. F. Gauß.) In: Wiss. Zeitschr. Humboldt-Univ. Berlin, Math.-naturwiss. R., 12 (1963) 2, S. 209–227
108

Biermann 1964a
Kurt-R. Biermann, Einige Episoden aus den russischen Sprachstudien des Mathematikers C. F. Gauß. In: Forsch. u. Fortschr., 38 (1964), S. 44–46
E, 135, 151

Biermann 1964b
Kurt-R. Biermann, Thomas Clausen, Mathematiker und Astronom. In: Journal f. reine u. angew. Math., 216 (1964) 3/4, S. 159–198
72

Biermann 1966
Kurt-R. Biermann, Über die Beziehungen zwischen C. F. Gauß und F. W. Bessel. In: Mitt. Gauß-Ges. Göttingen, 3 (1966), S. 7 bis 20
E, 109, 134

Biermann 1969a
Kurt-R. Biermann, Versuch der Deutung einer Gaußschen Chiffre. In: Mon. Ber. Dt. Akad. Wiss., 11 (1969), S. 526–530
13

Biermann 1969b
Kurt-R. Biermann, A. Quetelet über seinen Besuch bei C.F. Gauß. In: Mitt. Gauß-Ges. Göttingen, 6 (1969), S. 4–6
89

Biermann 1970
Kurt-R. Biermann, Von Goethe zu Gauß. (Stationen auf einer Reise Adolphe Quetelets.) In: Archives internat. hist. sci., 23 (1970) 92/93, S. 207–213
89

Biermann 1971a
Kurt-R. Biermann, Zum Gaußschen Kryptogramm von 1812. In: Mon. Ber. Dt. Akad. Wiss., 13 (1971), S. 152–157
56

Biermann 1971b
Kurt-R. Biermann, Der Brief Alexander von Humboldts an Wilhelm Weber von Ende 1831 [...]. In: Mon. Ber. Dt. Akad. Wiss., 13 (1971), S. 234–242
E, 108

Biermann 1973a
Kurt-R. Biermann, Die Briefe von Martin Bartels an C. F. Gauß. In: NTM – Schriftenr. Gesch. Naturwiss., Techn., Med., 10 (1973) 1, S. 5–22
7, 135

Biermann 1973b
Kurt-R. Biermann, Ob izbranii N. I. Lobačevskogo členom-korrespondentom Göttingeskogo Naučnogo obščestva. In: Ist.- mat. issled., 18 (1973), S. 322–325
E

Biermann 1974
Kurt-R. Biermann, Die Gauß-Briefe in Goethes Besitz. In: NTM – Schriftenr. Gesch. Naturwiss., Techn., Med., 11 (1974) 1, S. 2–10
56

Biermann 1975
Kurt-R. Biermann, Martin Bartels – eine Schlüsselfigur in der Geschichte der nichteuklidischen Geometrie? In: Mitt. Dt. Akad. Naturf. Leopoldina, R. 3, 21 (1975) [1978], S. 137–157
7

Biermann 1977a
Briefwechsel zwischen Alexander von Humboldt und Carl Friedrich Gauß, neu hrsg. v. Kurt-R. Biermann. (Beitr. z. A.-v.-Humboldt-Forsch., Bd. 4), Berlin 1977
E, 53, 85, 87, 108, 119, 120, 143, 145, 157, 158, 159

Biermann 1977b
Kurt-R. Biermann, Aus unveröffentlichten Aufzeichnungen des jungen Gauß. In: Wiss. Zeitschr. Techn. Hochsch. Ilmenau, 23 (1977) 4, S. 7–24
E

Biermann 1977c
Kurt-R. Biermann und Werner Hartke, Gauß und Heyne. In: Das Altertum, 23 (1977) 3, S. 179–184
17

Biermann 1977d
Kurt-R. Biermann, Zwei Briefe von Gauß über die Berichtigung des Heliotrops [...]. In: Gerlands Beitr. Geophysik. 86 (1977), 1, S. 1–10
110, 114

Biermann 1977e
Kurt-R. Biermann, Wie Gauß zum Astronomen wurde. In: Die Sterne, 53 (1977), S. 146–150
E, 27

Biermann 1978
Kurt-R. Biermann, Gauß als Persönlichkeit – Ansätze für ein neues Verständnis. In: Sachs 1978, S. 39–49
E

Biermann 1979
Briefwechsel zwischen Alexander von Humboldt und Heinrich Christian Schumacher, hrsg. v. Kurt-R. Biermann (Beitr. z. A.-v.-Humboldt-Forsch., Bd. 6), Berlin 1979
E

Biermann 1982
Briefwechsel zwischen Alexander von Humboldt und Peter Gustav Lejeune Dirichlet, hrsg. v. Kurt-R. Biermann. (Beitr. z. A.-v.-Humboldt-Forsch., Bd. 7), Berlin 1982
82

Biermann 1983
Kurt-R. Biermann, Alexander von Humboldt. (Biogr. hervorragender Naturwiss., Techn. u. Med., Bd. 47), 3. Aufl., Leipzig 1983
E

Biermann 1986
Kurt-R. Biermann, Wissenschaftliche Beziehungen von C. F. Gauß 1799/1809. In: Sitz.-Ber. Österreich. Akad. Wiss., II, Math.-phys. u. techn. Wiss., 195 (1986) 1/3, S. 25–40
26

Biermann 1987
Alexander von Humboldt, Aus meinem Leben, autobiogr. Bekenntnisse, zusammengest. u. erläut. v. Kurt-R. Biermann, Leipzig (Urania-Verlag) bzw. München (Verlag C. H. Beck) 1987
E

Bolyai 1832
Johann Bolyai, Scientiam spatii absolute veram exhibens [... = Raumlehre, unabhängig von der ... Wahr- oder Falschheit des berüchtigten 5. euklidischen Postulats ...]. In: Wolfgang Bolyai, Tentamen [... = Versuch einer Einführung in die Elemente der Mathematik ...], T. 1, Maros Vásárhely 1832, Appendix
96, 99

Borch 1929/32
Rudolf Borch, Ahnentafel des Mathematikers Carl Friedrich Gauß. In: Ahnentafeln berühmter Deutscher, Leipzig 1929/32, S. 63–65
1

Cajori 1899
Florian Cajori, Carl Friedrich Gauß and His Children. In: Science, 9 (1899) 229, S. 697–704
138, 147

Cajori 1912
Florian Cajori, Notes on Gauß and His American Descendants. In: The Popular Science Monthly, 81 (1912) 8, S. 105–114
156

Cantor 1878
Moritz Cantor, Carl Friedrich Gauß. In: Allg. Dt. Biogr., 8 (1878), S. 430–445
126

Chamisso 1910
Adelbert von Chamisso, Reise um die Welt. In: Adelbert von Chamissos sämtliche Werke in vier Bänden, hrsg. v. Adolf Bartels, Bd. 3–4, Leipzig 1910 (?)
86

Dedekind 1901
Richard Dedekind, Gauß in seiner Vorlesung über die Methode der kleinsten Quadrate. In: Festschr. z. Feier des 150jährigen Bestehens Kgl. Ges. Wiss. Göttingen, Berlin 1901, S. 45–59
153

Dunnington 1955
G. Waldo Dunnington, Carl Friedrich Gauß, Titan of Science, New York 1955
E

Ebart 1896
Paul von Ebart, Bernhard August von Lindenau, Gotha 1896
59

Eisenstein 1975
Gotthold Eisenstein, Mathematische Werke, Bd. 1–2, New York 1975 (2. Aufl. 1989)
139

Felber 1977
Hans-Joachim Felber, Die beiden Ausnahmebestimmungen in der von C. F. Gauß aufgestellten Osterformel. In: Die Sterne, 53 (1977) 1, S. 22–34
10

Feyerabend 1933
Ernst Feyerabend, Der Telegraph von Gauß und Weber im Werden der elektrischen Telegraphie, Berlin 1933
113

Fries 1822
Jakob Friedrich Fries, Mathematische Naturphilosophie, Heidelberg 1822
107

Fuß 1843
Correspondance mathématique et physique de quelques célèbres geomètres du XVIII siècle [..., hrsg. v. Paul Heinrich Fuß], T. 1 bis 2, St. Pétersbourg 1843
146

Gauß 1796
Carl Friedrich Gauß, Neue Entdeckungen. (Mit einem Zusatz von E. A. W. Zimmermann.) In: Intelligenzblatt Allg. Litteraturztg., (1796) 66, S. 554
20

Gauß 1863/1933
Carl Friedrich Gauß, Werke, Bd. 1–12 (Bd. 1–6 Göttingen, Bd. 7–10,1 Leipzig, Bd. 10,2–12 Berlin) 1863/1933
E, 14, 20, 22, 23, 26, 28, 37, 42, 47, 56, 60, 63, 79, 83, 101, 110, 117, 119, 121, 141, 145

Gauß 1889
Carl Friedrich Gauß, Untersuchungen über höhere Arithmetik, dt. hrsg. v. H. Maser, Berlin 1889, Reprint Bronx, N. Y., 1965
20, 22, 37, 45, 155

Gauß 1985
Carl Friedrich Gauß, Mathematisches Tagebuch 1796–1814, mit einer hist. Einführung von Kurt-R. Biermann, ins Dt. übertr. v. Elisabeth Schuhmann, durchges. u. mit Anm. versehen v. Hans Wußing u. Olaf Neumann. (Ostwalds Klassiker exakt. Wiss., Bd. 256) 4. Aufl., Leipzig 1985
E, 19, 26, 37

Gerardy 1955
Theo Gerardy, Die Triangulation des Königreichs Hannover durch C. F. Gauß (1821–1844). In: Hannover 1955, S. 83–114
E

Gerardy 1959a
Theo Gerardy, Der Briefwechsel zwischen Carl Friedrich Gauß und Carl Ludwig von Lecoq. In: Nachr. Akad. Wiss. Göttingen, II. Math.-phys. Klasse, (1959) 4, S. 38–63
24

Gerardy 1959b
Theo Gerardy, Ein unveröffentlichter Brief von Carl Friedrich Gauß an Alexander von Humboldt. In: Nachr. Akad. Wiss. Göttingen, II. Math.-phys. Klasse, (1959) 4, S. 64–66
85

Gerardy 1964
Christian Ludwig Gerling an Carl Friedrich Gauß, Sechzig bisher unveröffentlichte Briefe, hrsg. v. Theo Gerardy. (Arbeiten aus der Niedersächs. Staats- u. Univ.-Bibl. Göttingen, Bd. 5), Göttingen 1964
E, 66, 94

Gerardy 1969
Theo Gerardy, Nachträge zum Briefwechsel zwischen Carl Friedrich Gauß und Heinrich Christian Schumacher. (Arbeiten aus der Niedersächs. Staats- u. Univ.-Bibl. Göttingen, Bd. 7), Göttingen 1969
E, 52, 66, 72, 93, 126, 142

Gerardy 1977a
Theo Gerardy, Die Anfänge von Gauß' geodätischer Tätigkeit. In: Zeitschr. für Vermessungswesen, 102 (1977) 1, S. 1–20
E

Gerardy 1977b
Theo Gerardy, Gauß als Mensch. In: Göttingen 1977b, S. 349 bis 365
71, 126

Göttingen 1977a
Festschrift zum 200. Geburtstag von Carl Friedrich Gauß. (Mitt. Gauß-Ges. Göttingen, H. 14), Göttingen 1977
E

Göttingen 1977b
Festschrift zur 200. Wiederkehr des Geburtstages von Carl Friedrich Gauß. (Abhandl. Braunschweig. Wiss. Ges., Bd. 27), Göttingen 1977
E

Grave 1924
Dmitrij Grave, Ein neu entdeckter Brief von C. F. Gauß an H. W. Olbers. In: Acad. Sci. Oukraine, Bull. Classe Sci. phys. et math., 1 (1924) 2, S. 91–95
54

Gresky 1971
Wolfgang Gresky, Gauß' München-Reise von 1816. In: Mitt. Gauß-Ges. Göttingen, 8 (1971), S. 32–41
61, 62

Gresky 1980
Wolfgang Gresky, Noch einmal: Gauß in Oberohe. In: Mitt. Gauß-Ges. Göttingen, 17 (1980), S. 12–13
67

Gundelfinger 1906
S. Gundelfinger, Drei Briefe von C. F. Gauß an Joh. v. Müller. In: Journal f. reine u. angew. Math., 131 (1906), S. 1–7
46

Hänselmann 1878
Ludwig Hänselmann, Karl Friedrich Gauß, Zwölf Kapitel aus seinem Leben, Leipzig 1878
35

Hall 1965
Tord Hall, Matematikernas konung, Stockholm 1965 (engl. Übersetzung Cambridge, Mass., and London 1970)
E

Hannover 1955
C. F. Gauß und die Landesvermessung in Niedersachsen, hrsg. v. der Niedersächs. Vermessungs- u. Katasterverwaltung, Hannover 1955
E

Hansch 1718
Epistolae ad Joannem Kepplerum Mathematicum Caesareum scriptae, [..., hrsg. v. Michael Gottlieb Hansch, ohne Ortsangabe], 1718
146

Harding 1920
Correspondance de H. C. Ørsted avec divers savants, publ. par M. C. Harding, T. 2, Copenhagen 1920
117

Herrmann 1972
Dieter B. Herrmann, Die Entstehung der astronomischen Fachzeitschriften in Deutschland 1798–1821. (Veröffentl. Archenhold-Sternwarte, Nr. 5), Berlin-Treptow 1972
59

Herschel 1877
Caroline Herschel's Memoiren und Briefwechsel 1750–1848. hrsg. v. Margaret Herschel, aus dem Engl. v. A. Scheibe, Berlin 1877
77

Humboldt 1845/62
Alexander von Humboldt, Kosmos, Entwurf einer physischen Weltbeschreibung, Bd. 1–5, Stuttgart u. Tübingen 1845/62
E

Idel'son 1948
N. I. Idel'son, Iz perepizki [...] C. F. Gaußa, [...] i drugich s akademikom F. I. Šubertom. In: Naučnoe nasledstvo, Estestvenno-naučnaja serija, T. 1, Moskva, Leningrad 1948, S. 769–831
31

Kaufmann-Bühler 1981
Walter K[aufmann-] Bühler, Gauß, A biographical Study, Berlin, Heidelberg, New York 1981 (dt. Übersetzung Berlin usw. 1987)
E

Körber 1958
Hans-Günther Körber, Alexander von Humboldts und Carl Friedrich Gauß' organisatorisches Wirken auf geomagnetischem Gebiet. In: Forsch. u. Fortschr., 32 (1958), S. 1–8
114

Kol'man 1955
E. Kol'man, Neopublikovannoe pis̆mo C. F. Gaußa. In: Trudy Instituta ist. estestvozn. i techn. AN SSSR, 5 (1955), S. 385–394
E, 140

Küssner 1979
Martha Küssner, Carl Friedrich Gauß und seine Welt der Bücher, Göttingen, Frankfurt, Zürich 1979
E

Lambert 1770
Johann Heinrich Lambert, Zusätze zu den logarithmischen und trigonometrischen Tabellen zur Erleichterung und Abkürzung der bey Anwendung der Mathematik vorfallenden Berechnungen, Berlin 1770
14

Mack 1927
Heinrich Mack, C. F. Gauß und die Seinen. (Werkstücke aus Museum, Archiv u. Bibl. Stadt Braunschweig, Bd. 2), Braunschweig 1927
E, 1, 9, 41, 44, 48, 49, 51, 64, 65, 95, 115, 120, 133, 138, 150, 152

Meder 1928/29
Alfred Meder, Direkte und indirekte Beziehungen zwischen Gauß und der Dorpater Universität. In: Archiv Gesch. Math., Naturwiss. u. Techn., 11 (1928/29), S. 62–67
48

Merzbach 1984
Uta C. Merzbach, Carl Friedrich Gauß, A Bibliography, Wilmington, Delaw., 1984
E

Michling 1966
Horst Michling, Zum Projekt einer Gauß-Sternwarte in Braunschweig. In: Mitt. Gauß-Ges. Göttingen, 3 (1966), S. 24 (m. Abb.)
33

Michling 1970
Horst Michling, Ein Brief von C. F. Gauß an Lejeune-Dirichlet vom 2. November 1838. In: Mitt. Gauß-Ges. Göttingen, 7 (1970), S. 8–10
121

Michling 1976
Horst Michling, Carl Friedrich Gauß, Aus dem Leben des Princeps mathematicorum, Göttingen 1976
E

Mollenhauer 1905
Karl Mollenhauer, Briefe von Carl Friedrich Gauß. In: Braunschweig. Magazin, 11 (1905) 3, S. 25–27
42

Moskau 1955
Neopublikovannoe piśmo C. F. Gaußa. In: Vestnik Akademii nauk SSSR, (1955) 4, S. 109–111
E, 113

Ohe 1979
Heinrich-Hermann von der Ohe zur Ohe, Hier irrte Gauß. In: Mitt. Gauß-Ges. Göttingen, 16 (1979), S. 31–34
67

Ožigova 1976
E. P. Ožigova, O Naučnych svjazjach Gaußa s Peterburgskoj akademiej nauk. In: Ist.-mat. issled., 21 (1976), S. 273–284
28

Paucker 1819
Magnus Georg von Paucker, Geometrische Verzeichnung des regelmäßigen 17-Ecks und 257-Ecks im Kreis. In: Jahresverhandl. Kurländ. Ges. f. Lit. u. Kunst, 2 (1819), S. 160–219
19

Peters 1860/65
Briefwechsel zwischen C. F. Gauß und H. C. Schumacher, hrsg. v. C. A. F. Peters, Bd. 1–6, Altona 1860/65
E, 13, 15, 16, 67, 73, 76, 78, 80, 81, 93, 105, 111, 115, 116, 118, 122, 123, 125, 128, 129, 131, 136, 144, 146

Pfaff 1853
Sammlung von Briefen gewechselt zwischen Johann Friedrich Pfaff und [...] Anderen, hrsg. v. Carl Pfaff, Leipzig 1853
75

Poschek 1957
Margarete Poschek, Carl Friedrich Gauß, Eine Bio-Bibliographie, Prüfungsarbeit Bibl.-Schule Hamburg 1957
E

Poser 1987
Briefwechsel zwischen Carl Friedrich Gauß und Eberhard August Wilhelm von Zimmermann, hrsg. v. Hans Poser. (Abh. Akad. Wiss. Göttingen, Math.-phys. Klasse, F. 3, Nr. 39), Göttingen 1987
E, 11, 17

Reich 1977
Karin Reich, Carl Friedrich Gauß 1777/1977, München 1977
E

Reichardt 1957
C. F. Gauß, Gedenkband anläßlich des 100. Todestages am 23. Februar 1955, hrsg. v. Hans Reichardt, Leipzig 1957
E

Reichardt 1976
Hans Reichardt, Gauß und die nicht-euklidische Geometrie, Leipzig 1976
15

Reichardt 1978
Hans Reichardt, Festvortrag [auf dem Festakt aus Anlaß des 200. Geburtstages von C. F. Gauß]. In: Sachs 1978, S. 17–31
E

Riebesell 1928
P. Riebesell, Briefwechsel zwischen C. F. Gauß und J. G. Repsold. In: Mitt. Math. Ges. Hamburg, 6 (1928) 8, S. 398–431
58

Rubner 1975
Rudolf Wagner, Gespräche mit Carl Friedrich Gauß in den letzten Monaten seines Lebens, hrsg. v. Heinrich Rubner. In: Nachr. Akad. Wiss. Göttingen, I. Phil.-hist. Klasse, (1975) 6, S. 145 bis 171
27, 160

Sachs 1978
Festakt und Tagung aus Anlaß des 200. Geburtstages von Carl Friedrich Gauß, hrsg. v. Horst Sachs. (Abh. Akad. Wiss. DDR, Abt. Math., Naturwiss., Techn., Bd. 3 N), Berlin 1978
E

Sartorius 1856
Wolfgang Sartorius Frhr. von Waltershausen, Gauß zum Gedächtnis, Leipzig 1856 (Reprint Wiesbaden 1965)
E, 2, 3, 4, 5, 6, 7, 8, 12, 21, 118, 126, 154, 155

Schaaf 1964
William L. Schaaf, Carl Friedrich Gauß, Prince of Mathematicians, New York 1964
E

Schaefer 1927
Briefwechsel zwischen Carl Friedrich Gauß und Christian Ludwig Gerling, hrsg. v. Clemens Schaefer, Berlin 1927
E, 18, 68, 74, 79, 88, 92, 94, 96, 100, 105, 112, 116, 137, 139, 157, 160

Schaefer 1933/34
Clemens Schaefer, Ein Briefwechsel zwischen Gauß, Fraunhofer und Pastorff. In: Nachr. Ges. Wiss. Göttingen, Jahresber. 1933/34, S. 57–75
70

Schering 1887
Ernst Schering, Carl Friedrich Gauß und die Erforschung des Erdmagnetismus, Göttingen 1887
E, 32, 57, 97, 98, 101, 102, 103, 104

Schilling 1900/09
Wilhelm Olbers, Sein Leben und seine Werke, Bd. 2, hrsg. v. C. Schilling u. Julius Kramer, Abt. 1–2, Berlin 1900/09
30, 37, 60, 76, 80, 91, 97, 120, 160

Schleiden 1863
Matthias Jacob Schleiden, Über den Materialismus in der neueren deutschen Naturwissenschaft, Leipzig 1863
107

Schmidt 1899
Briefwechsel zwischen Carl Friedrich Gauß und Wolfgang Bolyai, hrsg. v. Franz Schmidt u. Paul Stäckel, Leipzig 1899
E, 22, 23, 25, 26, 33, 34, 36, 43, 45, 99, 149

Schoenberg 1955
Erich Schoenberg und Theo Gerardy, Briefe von C. F. Gauß an P. H. L. von Boguslawski. In: Abh. Bayer. Akad. Wiss., Math.-naturwiss. Klasse, N. F., (1955) 71, S. 7–21
E, 148

Schulze 1778
Johann Carl Schulze, Neue und erweiterte Sammlung logarithmischer [...] Tafeln, Bd. 1–2, Berlin 1778
14

Simonov 1844
Ivan Michajlovič Simonov, Zapiski i vospominanija o putešestvii po Anglii, Francii, Bel'gii i Germanii v 1842 godu, Kazań 1844
135

Stupuy 1896
Œuvres philosophiques de Sophie Germain, publ. par H. Stupuy, Paris 1896
39, 40

Svjatskij 1934
D. O. Svjatskij, Piśma C. F. Gaußa v S.-Peterburgskuju Akademiju nauk. In: Trudy Instituta ist. estestvozn. i techn. AN SSSR, Ser. 1, 3 (1934), S. 209–238
28, 29, 38

Vinogradov 1956
Carl Friedrich Gauß, Sbornik statej, pod obščej redakciej I. M. Vinogradova, Moskva 1956
E

Weber 1892/94
Wilhelm Weber, Werke, Bd. 1–6, Berlin 1892/94
141

Weber 1893
Heinrich Weber, Wilhelm Weber, Eine Lebensskizze, Breslau 1893
136

Wiederkehr 1967
Karl Heinrich Wiederkehr, Wilhelm Eduard Weber, Erforscher der Wellenbewegung und der Elektrizität 1804–1891. (Große Naturforscher, Bd. 32), Stuttgart 1967
E, 106

Wiederkehr 1973
Karl Heinrich Wiederkehr, Das bisher unbekannte Gauß-Gutachten zur Wiederbesetzung des Göttinger Physiklehrstuhls 1831. In: Mitt. Gauß-Ges. Göttingen, 10 (1973), S. 32–47
E

Worbs 1955
Erich Worbs, Carl Friedrich Gauß, Ein Lebensbild, 2. Aufl., Leipzig 1955
E, 61, 62

Wußing 1974
Hans Wußing, Carl Friedrich Gauß. (Biogr. hervorragender Naturwiss., Techn. u. Med., Bd. 15) Leipzig 1974
E

Zaunick 1971
Carl Friedrich Gauß. In: J. C. Poggendorff, Biogr.-literar. Handwörterbuch exakt. Naturwiss., Bd. VIIa, Suppl., bearb. v. Rudolph Zaunick, Berlin 1971, S. 229–238
E

Zimmermann 1915
Paul Zimmermann, K. F. Gauß' Briefe an seine Tochter Minna und deren Gatten H. A. Ewald. In: Braunschweig. Magazin, 21 (1915) 12, S. 133–141
124, 127, 130, 132

Zimmermann 1921
Paul Zimmermann, Neue kleine Beiträge zu K. F. Gauß' Leben und Wirken. In: Die Braunschweiger G. N. C.-Monatsschr., (1921), S. 752–763
17, 90

PERSONEN- UND SACHREGISTER

Vorbemerkung

E mit Zahl bedeutet: Seite in der Einführung (und/oder in deren Anmerkungen) genannt bzw. behandelt. Sonst verweisen Zahlen auf die *Nummern der Texte* (Anmerkungen eingeschlossen). Unterstreichung besagt, daß an der betr. Stelle biographische Angaben zur jeweiligen Person zu finden sind.

Die in den Literatur-Kurzbezeichnungen sowie im Quellen- und Literaturverzeichnis genannten Personen (Autoren und Editoren) sind in diesem Register *nicht* nochmals erfaßt, es sei denn, sie waren Korrespondenten bzw. Gesprächspartner von Gauß oder sie wurden von ihm erwähnt. Vornamen sind dann ausgeschrieben, wenn mehrere Personen des gleichen Familiennamens auftreten.

BILDNACHWEIS

Herausgeber und Verlag danken für die hilfreiche Unterstützung.

Akademie der Wissenschaften der DDR, Kunstbesitz (Inv.-Nr. ZIMM-0001): S. 110(u.)
Archiv Prof. em. Dr. rer. nat. habil. Kurt-R. Biermann, Berlin: S. 46, 47, 82, 105, 110(o.), 148, 150, 188/189
Archiv für Kunst und Geschichte, Berlin (West): Abb. auf dem Umschlag
Gauß-Gesellschaft e. V., Göttingen: S. 41 (o.), 42 (o.), 48, 87, 88, 106, 109, 111, 151, 187 (o.)
Dr. Wolfgang Gresky, Göttingen: S. 83
Dr. Jürgen Hamel, Berlin: S. 146
Karl-Marx-Universität Leipzig, Universitätsbibliothek: S. 41 (u.), 44, 45, 84, 85, 112, 147, 149
Niedersächsische Staats- und Universitätsbibliothek Göttingen, Handschriftenabt.: S. 42 (u.)
Schloßmuseum Gotha: S. 186 (u.)
Staatliches Lindenau-Museum, Altenburg: S. 191
Stadtarchiv Braunschweig: S. 43
Städtisches Museum Braunschweig: S. 190
Städtisches Museum Göttingen: S. 152, S. 186 (o.), S. 187 (u.)
I. Physikalisches Institut der Universität Göttingen: S. 86, 192
Universitäts-Sternwarte Göttingen: S. 81, 107, 108, 185
Wilhelm-Pieck-Universität Rostock: S. 145